U0316310

垃圾渗滤液中溶解性有机物的光催化氧化处理研究

贾陈忠 著

知识产权出版社
全国百佳图书出版单位

图书在版编目（CIP）数据

垃圾渗滤液中溶解性有机物的光催化氧化处理研究/贾陈忠著. —北京:知识产权出版社,2018.5
ISBN 978 - 7 - 5130 - 5416 - 4

Ⅰ.①垃…　Ⅱ.①贾…　Ⅲ.①光催化—氧化—应用—垃圾处理—研究
Ⅳ.①X705

中国版本图书馆 CIP 数据核字（2018）第 078863 号

责任编辑:石陇辉　　　　　　　　　**责任校对:**王　岩
封面设计:睿思视界　　　　　　　　**责任出版:**刘译文

垃圾渗滤液中溶解性有机物的光催化氧化处理研究
贾陈忠　著

出版发行:知识产权出版社有限责任公司	网　　址:http://www.ipph.cn
社　　址:北京市海淀区气象路50号院	邮　　编:100081
责编电话:010 - 82000860 转 8175	责编邮箱:shilonghui@cnipr.com
发行电话:010 - 82000860 转 8101/8102	发行传真:010 - 82000893/82005070/82000270
印　　刷:北京嘉恒彩色印刷有限责任公司	经　　销:各大网上书店、新华书店及相关专业书店
开　　本:890mm×1240mm　1/32	印　　张:7.25
版　　次:2018 年 5 月第 1 版	印　　次:2018 年 5 月第 1 次印刷
字　　数:180 千字	定　　价:49.00 元

ISBN 978 - 7 - 5130 - 5416 - 4

前　言

进入 21 世纪以来，我国工业化、城镇化、现代化进程很快，人民生活品质大幅度提高，但组成复杂、量大面广的城市生活垃圾污染问题对生态保护和环境管理提出严峻挑战。在我国很多地区，由于基础设施建设不到位，仍然沿袭以填埋为主的垃圾处置方式，而且各种工业、市政、家庭、建筑和医疗废弃物混合堆砌，导致垃圾成分复杂，填埋后存在诸多潜在二次污染问题，特别是垃圾渗滤液的污染，一直是环保工作者关注的热点和难点。众多垃圾填埋场附近污染的历史记录与现实调查表明，垃圾渗滤液对水环境（特别是地下水）、土壤环境以及生态系统等会带来严重污染，垃圾渗滤液的控制和处理是保证垃圾长期、安全处置的关键，因此对垃圾渗滤液必须进行妥善处理。

垃圾渗滤液中的污染成分相当复杂，一般含有高浓度有机物、重金属盐、水中悬浮物及氨氮等，并且呈现强烈的时空变异性，这些污染物浓度受垃圾来源和成分、填埋状况、当地气候、水文条件和填埋时间等多种因素的影响。垃圾渗滤液中主要有机污染物高达近百种，部分有机物属于已被确认的致癌物、促癌物、辅致癌物或致突变物，有些已被列入我国环境优先污染物"黑名单"，因此垃圾渗滤液中难降解有机物的处理一直是国内外关注的焦点。

溶解性有机物（Dissolved Organic Matter，DOM）是指所有能

够溶解于水中的有机物，是由带有多种官能团的芳香族和脂肪族碳氢化合物组成的复杂非均质混合物。从本质上讲，DOM 包含溶解态的难降解有机物。由于 DOM 具有羧基、胺基、酚羟基、氨基、酯和酮等多种活性功能基团，能结合环境中许多金属离子和疏水性有机污染物，对环境污染物的形态、迁移、转化、毒性以及生物有效性等有重要影响。传统上，对 DOM 的研究集中于河流、湖泊、水库以及海洋等自然水体中。近年来，人为排放的 DOM 异常增高，特别是城市污水二级出水和各种工业处理水中残留 DOM 的排放，大大干扰了天然水体 DOM 的自然背景值和正常功能；同时，不同水处理工艺对 DOM 的降解转化影响差别很大，常规的氯消毒能使 DOM 形成多种具有"三致"性质的副产物。因此，很多学者越来越关注水处理过程中 DOM 的降解效果及转化机理的研究。垃圾渗滤液的有机物组成中最为活跃的是 DOM，约占渗滤液总有机物的85%。由于垃圾渗滤液的独特性和复杂性，其中 DOM 的结构、成分、性质和种类极其复杂，远远超过其他类型的废污水，几乎囊括了 DOM 的所有特征。DOM 的含量和性质直接影响着废水处理工艺的选择、运行条件的优化和处理效果的改善；特别是对于高浓度的难降解有机废水，DOM 本身的降解更是起到决定性作用。认识水处理过程中 DOM 组分的结构、性质和含量的变化，明确其转化规律和降解机理，对改进水处理工艺、控制水处理参数以及避免后续二次污染和复合污染等有重要意义。因此，如何有效去除垃圾渗滤液中的 DOM 是环境工程研究面临的重大挑战，DOM 与其他污染物的相互作用也是环境科学研究的热点和前沿课题。

目前以生物处理法为主的水处理技术对垃圾渗滤液的处理效果并不好，难以达到日渐严格的废水排放标准的要求。造成垃圾渗滤液难以处理的一个重要原因就是其中含有大量复杂的 DOM，DOM 可以与渗滤液中的其他污染成分相互作用，大大增加渗滤液的处理难度。光催化氧化技术是近年来发展起来的一种高级氧化处理技术，其中 UV/TiO$_2$ 光催化氧化技术具有工艺简单、能耗低、效率高、易操作、无二次污染等特点，被认为是降解持久性有机污染物最有前途、最有效的处理方法之一，很多研究者认为其适宜特殊废水垃圾渗滤液的处理。本书首先介绍多种分离分析技术的应用，全面阐述了垃圾渗滤液的基本理化性质；再介绍运用紫外光谱、红外光谱、凝胶色谱、荧光光谱及 GC/MS 等高级分析技术，精确表征垃圾渗滤液中 DOM 不同组分的分布特征，解析 DOM 不同组分的化学形态、元素组成、分子结构特征等；最后，在此基础上，采用静态实验和模拟动态实验，探讨 UV/TiO$_2$ 光催化氧化技术处理垃圾渗滤液的主要影响因素及去除效率，阐明光催化氧化处理过程中垃圾渗滤液 DOM 不同组分变化特征以及有机物种类和数量的变化特征，以及 DOM 内分子构型和各种官能团的变化情况，从物质结构的角度阐述了 DOM 的光催化转化过程，揭示渗滤液 DOM 的光催化转化机理，探明光催化处理前后渗滤液宏量指标变化的微观机理，推测光催化氧化处理垃圾渗滤液中 DOM 不同组分的降解途径，建立光催化氧化处理复杂体系有机物的多变量预测模型，比较 DOM 不同组分的光催化转化特性。本研究对于优化 UV/TiO$_2$ 光催化处理法的实际运行参数，提高光催化处理效率具有重要指导作用。研究结果既充实了光催化氧化基本理论，又为光催化氧化技术在废水处理中的实际应用提供科学依据。

本书主要研究工作在中国地质大学（武汉）环境地质和生物地质国家重点实验室开展，是在国家自然科学基金（No. 40830748

和 No. 40972156）的支持下，在笔者博士生导师王焰新教授的悉心指导下完成的。在工作过程中得到中国地质大学（武汉）张彩香、李平、甘义群、高旭波、童蕾、彭月娥、孔淑琼等多位老师的指导，在成书过程中得到山西师范大学秦巧燕老师、杨瑞林老师、赵凯丽研究生的大力帮助，在此一并表示诚挚感谢。

　　书中错误与不当在所难免，欢迎各位同仁批评指正。

目　录

第一章 绪 论

填埋法作为城市生活垃圾（Municipal Solid Waste，MSW）的处理手段，在垃圾处理中一直占有重要的地位。生活垃圾在长期的填埋过程中会发生一系列复杂的生物化学反应，产生有害填埋气体和垃圾渗滤液等二次污染物，对周边的环境造成严重污染，特别是垃圾渗滤液的污染一直受到国内外研究者的广泛关注。垃圾渗滤液是包含多种污染物的高浓度难降解有机废水，含有大量有机物、悬浮物、氨氮、重金属离子、致病菌，以及某些致癌、促癌和辅促致癌物质等。其中最为活跃的成分是溶解性有机物（Dissolved Organic Matter，DOM），约占渗滤液中总有机物的85%。DOM由成分复杂的非均质混合物组成，一般含—OH、—NH$_2$、C =O 和—COOH 等活性官能团，可以作为有机配位体与介质中的污染物发生离子交换、吸附、络合、螯合、凝絮和氧化还原等一系列反应，对渗滤液中有机和无机化合物的形态、迁移、转化和最终归宿等有重要影响。由于 DOM 包括富里酸、腐殖酸和芳香族等多种传统污水处理工艺难以完全降解的有机物，而且不同地区、不同填埋时间、不同填埋方式以及不同来源垃圾渗滤液中DOM 的组成差别很大，这就造成了渗滤液水质的复杂多变性和独特性，大大增加了渗滤液处理的难度。

传统的垃圾渗滤液处理方法主要包括生物处理法、土地处理法和物化处理法等，但到目前为止，还没有一种全能的、适合所有填埋场或某一填埋场所有运营期和监管期的渗滤液处理技术，垃圾渗滤液处理仍然是世界范围内尚未彻底解决的难题。近些年来，物化处理法中的高级氧化处理技术（Advanced Oxidation Process，AOPs）以其独特的优点备受国内外学者的关注。AOPs通常包括 Fenton 试剂、类 Fenton 试剂、催化湿式、光化学氧化、光催化氧化、电化学氧化和臭氧氧化等高级氧化处理技术，可以有效降解各种持久性难降解有机污染物。其中，光催化氧化处理技术（Photocatalytic Treatment Technology）对一些特殊污染物的降解效率比其他氧化法更加显著，因此备受研究者的关注和青睐。随着纳米光催化剂和新型高效光催化反应器的开发利用，特别是具有无毒、活性高、廉价、反应条件温和、耐紫外光腐蚀、耐强酸强碱以及耐强氧化剂等特点的高效纳米 TiO_2 光催化剂的改进，为光催化氧化技术的实际应用创造了条件。TiO_2 光催化氧化技术具有工艺简单、效率高、易操作和无二次污染等特点，被认为是降解持久性有机污染物最有前途、最有效的处理方法之一。但是，目前该技术还存在许多亟待解决的问题，离实际应用还有一定的差距，光催化氧化技术的基本理论也需要进一步充实和完善。根据目前的文献报道，该技术的研究大多数仍集中于实验室模拟废水中单一物质的处理，直接应用于实际废水特别是垃圾渗滤液处理研究的还较少。对于垃圾渗滤液的处理，大多数也仅集中于对宏量指标 BOD、COD、TOC、色度和氨氮等指标的考察上，部分是从提高可生化性的角度来研究对渗滤液的处理效果。对于各种水处理工艺中渗滤液 DOM 的转化特征和变化规律的研究，相对较少。现有的零星报道也仅是对某种技术处理前后 DOM 组分的变化进行对比分析，对于 DOM 在处理过程中的变化规律和转化机理仍缺乏系统报道。探明光催化处理过程中 DOM 不同组分的变化特性，有助于深入理解污染物的光催化降解机理、降解途径和影响因素，充实和丰富废水光催化处理的基本理论，为光催化氧化技术的实际应用奠定基础。因此，系统研究光催化氧化過程中垃圾渗滤液 DOM 不同组分的转化规律和降解机制具有重要理论和实际意义。

基于此，本书以武汉市二妃山垃圾卫生填埋场渗滤液为研究对象，在详细讨论渗滤液中 DOM 不同组分结构官能团特征的基础上，优化了 UV/TiO$_2$ 光催化氧化降解垃圾渗滤液的处理条件，探讨了光催化处理过程中渗滤液 DOM 不同组分的结构和官能团变化特征；结合 GC/MS 分析结果，解析了光催化氧化处理过程中 DOM 的化学结构转化特征和有机物种类组成，以及 DOM 不同组分的分子构型和官能团的变化情况，从物质结构的角度揭示了 DOM 的光催化转化规律及降解机理。这对深入认识垃圾渗滤液中 DOM 的理化特性，掌握光催化氧化处理过程中垃圾渗滤液的水质变化特征，防止光催化氧化过程中渗滤液的二次污染及其在实际环境介质中形成的复合污染具有重要意义。同时，通过 DOM 不同组分以及有机物种类和数量的变化特征分析，探讨了光催化处理前后渗滤液水质常规指标变化的机理，确定了 DOM 不同组分的光催化处理动力学模型，分析了光催化降解垃圾渗滤液中 DOM 不同组分的降解途径，以期能建立光催化氧化处理复杂体系有机物的多变量预测模型，充实光催化氧化基本理论，为光催化氧化技术的实际应用提供科学依据。

1.1 溶解性有机物的特征及环境地球化学作用

溶解性有机物（DOM）是广泛存在于土壤、地表水体和海洋等环境介质中的一类结构复杂、性质稳定的有机高分子混合物，颜色一般呈黄色到棕色。DOM 的来源、组成和结构十分复杂，分子量分布广泛，一般可以从几百到上百万[1,2]。通常认为 DOM 是动植物及微生物残体（如木质素或纤维素）在天然环境中经酶分解、氧化及微生物合成等反应过程逐步演化而成，其确切的形成机理目前尚存在争议[3]。在水环境中，有机物一般以溶解态、颗粒态和可挥发态三种形式存在[4]。DOM 通常是指能够通过 0.45μm 的滤膜，且在后续分析过程中不因挥发而损失的有机物，它也包括了过滤中没有被阻截的部分胶体颗粒。其余保留在滤膜上的有机物称为"颗粒态有机物"（Particulate Organic Matter，POM），占有机物总量的 10% 以下；可挥发性有机物是指高蒸汽压、低分子量和低水溶性的有机物，也只有不到有机物总量的 10%；其余 80% ~ 90% 的有机物为 DOM。DOM 的含量一般用溶解性有机碳（Dissolved Organic Carbon，DOC）表示。Leenheer 等[5]认为 DOM 是一种带有多种官能团的芳香族和脂肪族碳氢化合物的混合物。

1.1.1 溶解性有机物的一般性质和结构特征

在自然水体中，DOM 主要是动植物在自然循环过程中经腐烂分解所产生的大分子有机物，是一种复杂的非均质混合物。DOM 广泛存在于土壤、沉积物和天然水中。按元素组成来分，DOM 主要含有 C、O、H、N、P、S 以及灰分。按重量计算，C 占总有机物的 50%，其次是 O（40%）、H（5%）、N（0.5% ~ 6.5%）、P（< 1.0%）、S（< 1.0%）和灰分（1.2% ~ 5.0%）[6]。

DOM 由多种有机化合物组成，一般认为，腐殖质是 DOM 的主要组成部分，占有机物总量的 50% ~ 80%。其余的组分主要是蛋白质、多糖和亲水性有机酸。根据腐殖质在酸碱中溶解性的不同，可以划分为胡敏素、腐殖酸和富里酸。其中，在任何 pH 下都不溶于水的部分为胡敏素，不属于 DOM 的范围；在 pH 大于 2 的条件下溶于水的部分为腐殖酸，分子量范围一般在 2 ~ 5kDa，最大值可以达到一百万 Da；在任何 pH 下都溶于水的为富里酸，分子量的范围一般在几百 Da 到 2kDa。通常讨论的溶解性有机物主要指腐殖酸和富里酸。其余的非腐殖类物质主要包括碳水化合物、氨基酸、叶绿素、藻类分泌物、酚酮类化合物、脂肪酸和亲水性有机酸等。一般情况下，水环境中腐殖质具有苯环羧基和酚基官能团构成的聚苯环和某些基于氮和硫原子的基团或键，所含官能团主要有羧基、醇羟基、酚羟基、醌型羰基和酮型羰基等，其中羧基约占总酸性基团的 60% ~ 90%[7]。当然，水体中腐殖质的大分子结构也会随着它的来源以及溶液水化学的改变而改变。水中的腐殖质在酸性条件下一般可以通过氢键、π 键、范德华力等作用形成巨大的聚集体，呈现多孔疏松海绵结构，有很大的比表面，高达 300 ~ 340m²/g，呈现胶体性质。DOM 大多数物化性质是胶体性质的表现，而不由单体的结构性质所决定[8]。

1.1.2　溶解性有机物的环境地球化学作用

DOM 是一个水中有机碳的大储存库，是地球水圈中有机碳的主要载体和生物体的主要底物，对全球碳循环具有重要的贡献。同时，DOM 在控制水生生态系统的物理、化学及生物学性质方面起着重要的作用，对水环境体系的 pH、碱度及电荷平衡等有重要影响，与水中许多元素的迁移转化具有密切联系。因此，DOM 对海洋、湖泊和河流中许多生物地球化学过程有十分重要的影响[8,9]。另外，DOM 还能与一些营养元素（如 N、P 和 S 等）结合，DOM 的水动力条件会影响这些营养元素的迁移转化和生物有效性[9,10]。在陆地生态系统中，由于 DOM 具有比固相有机质更多的活性点位，同时又具有水溶性的特点，因此被认为是陆地生态系统中一种重要和活跃的化学组分[11]。在自然环境中，DOM 不仅是一些土壤微生物的主要碳源，而且还是风化和成土过程的重要影响因素[6]。DOM 的化学组成对其在陆地生态系统中的功能和行为有很大的影响。

1.1.3　溶解性有机物对环境污染物的影响

DOM 具有羧基、胺基、酚羟基、氨基、酯和酮等活性功能基团，能结合生态环境中许多金属离子（Hg、Cu、Ni、Fe、Mn 和

Cd 等）和多环芳烃、多氯联苯、农药、除草剂等疏水性有机污染物，是许多微量有机或无机污染物的主要迁移载体，能导致这些污染物在土壤和水环境中产生明显的迁移和扩散。DOM 对污染物的载体作用，是促进许多污染物从土壤、固体废弃物以及垃圾渗滤液向地表水体或地下水体迁移的重要因素[12~15]。由于 DOM 结构的多样性和复杂性，其结合污染物的机理目前还不是很清楚，因此很难预测和描述 DOM 对环境污染物的影响。另外，DOM 能通过络合和螯合作用富集水体中污染物，表现为增强有机污染物在水体中的溶解度，降低挥发度，增加光解速率以及改变生物可利用率等，对环境污染物的形态、迁移、转化、毒性以及生物效应等有重要影响[16]。

（1）DOM 对有机污染物的影响

DOM 能与某些环境有机污染物结合形成大分子或极性很强的分子，使其难以进入生物体的细胞膜被生物体所吸收，因此 DOM 的存在通常降低了环境污染物的生物可利用率和毒性[16,17]。同时，DOM 对有机污染物有增溶作用，一般来说，有机污染物的疏水性越强，DOM 对它们的增溶作用越明显。另外，在土壤中 DOM 对有机污染物有较高的亲和力，一般大于土壤对有机污染物的亲和力。目前，有关腐殖质的化学结构性质与结合有机污染物能力关系的研究很多[18]。例如，张彩香等[19]研究了垃圾渗滤液中的 DOM 对内分泌干扰物（EEDs）的吸附作用，并通过 FTIR、HNMR 和 ESR 等技术分析了 DOM 与 EEDs 的吸附机理。

DOM 对疏水性有机污染物的分配、迁移、转化、生物有效性以及最终归宿起着控制作用。天然 DOM 与氯苯、烷基酚和 PCBs 等疏水性有机污染物的结合，不仅可以影响其在水中的分配作用，而且可以影响其生物富集系数[20,21]。早在 1985 年，Hassett 等[22]就曾指出水体中有机质的分子量影响 PCBs 的吸附，当有机质的分子量超过 50kDa 时，K_{oc} 会显著提高。1986 年，Chiou

等[23]发现腐殖酸能促进疏水性的杀虫剂阿特拉津在土壤中的解吸作用。1998 年，Nelson 等[24]研究表明污泥中的 DOM 可以与农药结合，显著促进草萘胺等农药在环境中的迁移。1999 年，Marschner[25]报道了土壤溶液中的 DOM 可以影响 PAH 和 PCBs 在土壤表面的吸附，DOM 对有机污染物的影响与 DOM 的组分有密切关系。1999 年，Pedersen 等[26]发现，分子量大于 10kDa 和小于 1kDa 的 DOM 对 TeCB 的分配系数影响最大。

DOM 对有机污染物环境行为的影响，一般认为主要与腐殖酸类物质有关。因此，DOM 对有机污染物影响的机理研究大多借鉴腐殖酸研究的结果。有研究者曾经用分配理论来解释土壤 DOM 对有机污染环境行为的影响[25,27]，但是某些有机污染物受 DOM 的影响与分配理论并不相符，因此有研究者又提出 DOM 上一些特殊官能团与有机污染物的结合是其主要的作用方式的观点[23,28,29]。目前 DOM 对有机污染物环境行为的影响机制以及 DOM 与有机污染物的结合方式及机理还不十分清楚，有待于进一步研究[30]。

（2）DOM 对金属离子的作用

DOM 受其组成复杂性、活性及特性影响，积极参与生物地球化学循环和环境作用，对重金属在土壤中的吸附、迁移等一系列环境行为会产生重要影响[31]。由于 DOM 含有大量的络合和螯合基团，可以与土壤、固体废弃物和各种水体中的重金属通过络合或螯合作用，形成有机 - 金属配合物。DOM 在环境中能以可溶的络合剂形式存在，通过与水体、土壤和沉积物中的金属离子、氧化物、矿物和有机物之间的离子交换、吸附、络合、螯合、絮凝和氧化还原等一系列反应，改变重金属的生物可利用性和毒性、迁移转化规律与最终归宿[32]。DOM 对土壤重金属有很强的解吸作用，在含水多孔介质和地下含水层中，DOM 对重金属的淋溶促进作用尤其明显，因此可能加剧重金属的毒害作用及其在环境中迁移扩散[33]。

DOM 对环境中重金属的影响有多种形式,最常见的方式是通过与液相金属离子竞争吸附点位或优先吸附在固体表面上,减少了重金属的吸附点位,从而降低环境中颗粒物对金属离子的吸附作用[34]。同时,DOM 可以作为土壤与金属之间的络合桥梁增强固体表面的亲和力,从而增强对金属离子的吸附作用。DOM 也可以与重金属离子直接形成络合物,抑制颗粒物对重金属的吸附作用,提高重金属的迁移能力[35,36]。水体中 DOM 的含量与金属离子的浓度有一定相关性。2010 年,庞会从等[37]研究了垃圾渗滤液中 DOM 对 Cu、Cd、Pb 和 Zn 这 4 种重金属在土壤中吸附行为的影响。结果表明:DOM 对 Cu 和 Cd 在土壤中的吸附有明显促进作用,对 Pb 有微弱的促进作用,对 Zn 的吸附影响不明显;不同 pH 下,DOM 对 4 种重金属在褐土中的吸附有明显差异;25℃下 Cu 在土壤中的吸附量高于 15℃ 和 35℃ 条件下的吸附量;有 DOM 存在时,Cd、Zn 和 Pb 在土壤中的吸附量随着温度的升高而增大。

DOM 对重金属沉淀的溶解作用是抑制重金属吸附的重要机制。DOM 可以与重金属形成螯合物,从而影响水环境中沉淀颗粒的生长、絮凝、凝结和溶解等表面反应,进而提高重金属在水体或土壤中的溶解度[7,38]。2006 年,付美云等[39]采用土柱淋滤试验研究了不同填埋龄垃圾渗滤液 DOM 在土壤中的垂直迁移及对土壤重金属 Pb 淋滤溶出的影响。结果表明,进入土壤环境的渗滤液 DOM 对重金属的迁移有促进作用。

1.2 溶解性有机物的分离及表征技术

1.2.1 溶解性有机物的分离技术

DOM 组分的复杂性和非均质性导致了其研究的困难性。为了更好地表征 DOM 的结构特征，事先分离和浓缩收集 DOM 不同组分是非常必要的。在定量或定性描述 DOM 的组分特征时，可以通过比较各组分含量及其组成比例来表示 DOM 的性质，对比 DOM 不同组分的分布差异。DOM 的分组方法主要有：按元素和官能团分组、按特殊化合物或化学基团分组、按分子量分组、按亲水性（极性大小）分组、按酸碱性分组等[31]。其中按极性大小结合酸碱性分组（如大孔径网状树脂 XAD 串联离子交换树脂法）或按分子量大小分级（如透析法、凝胶过滤法和超滤法等）是两种最常用的方法。

以 DOM 组分的亲水性和酸碱性为基础的传统分组方法是 XAD 树脂吸附分离法[40]。早在 1976 年，Leneheer 等[41]就率先采用 XAD 树脂串联阴阳离子交换树脂将水中的 DOM 分成 6 种组分：憎水性碱（HOB）、憎水中性（HON）、憎水性酸（HOA）、亲水性酸（HIA）、亲水性碱（HIB）和亲水中性（HIN）。它们的结构和化学信息如表 1 - 1 所示。这种按 DOM 的极性和亲水性程度进行分类的方法有助于分析 DOM 中各组分与环境污染物之间的关系，也更容易揭示它们相互作用的机理，因而被广泛应用于 DOM 环境行为的研究中。已有研究表明[42,43]，HIA 组分包括糖醛酸、简单的有机酸、多官能团有机酸或多元酚等物质；HIN 组分包括碳水化合物、多元醇和磷酸盐组分；HIB 组分包括有大多数的氨基酸、氨基糖、低分子量胺和吡啶；HOA 组分包括芳香族酚、某些有机酸、阴离子去污剂和芳香族酸；HON 组分包括碳氢化合物、脂肪、蜡、油、树脂、亚胺、磷酸酯、含氯的碳氢化合物、高分子量的醇、胺、酯、酮以及醛等；HOB 组分包括复杂的多核胺、核酸、醌类、卟啉、芳香族胺和酯等组分。

通常，自然水体中超过 80% 的 DOM 是 HOA 和 HIA（两者 2∶1），剩余 20% 为 HOB、HIN 以及 HON。其中腐殖质占 DOM 的 60% 左右[44]。

表 1-1　XAD 树脂串联技术分离的 DOM 组分特性

DOM 组分	结构组成	相对含量（%）
憎水性酸 （HOA）	5～9 个碳原子的脂肪羧酸，1～2 个环的芳香羧酸、1～2 个环的酚、棕黄酸、腐殖酸、与腐殖酸键合的氨基酸、肽和糖	30～70
憎水中性 （HON）	烃，>5 个碳原子的脂肪醇、胺、脂、酮和醛，>9 个碳原子的脂肪羧酸、脂肪胺，≥3 个环的芳香羧酸、芳香胺	≈15
憎水性碱 （HOB）	除嘧啶以外的 1～2 个环的芳香胺、脂和醌	<1
亲水性酸 （HIA）	≤5 个碳原子的脂肪酸、多官能团酸	<1
亲水中性 （HIN）	≤5 个碳原子的脂肪醇、胺、酯、酮和醛，>9 个碳原子的脂肪羧酸、脂肪胺、多官能团醇、糖	30～50
亲水性碱 （HIB）	≤9 个碳原子的脂肪胺、氨基酸、两性蛋白质、嘧啶	≈12

1.2.2　溶解性有机物的表征技术

由于 DOM 是一类包含了一系列化学性质各异的化合物的混合物，因此目前还无法获得 DOM 组分分子结构的详细和精确信息，但是通过各种分析技术的综合解析，可以得到 DOM 中化合物的官能团组成、比例及结构等信息，这对于了解 DOM 的性质特征及其在生态系统中的行为和功能具有重要意义。目前对于 DOM 组成的认识大多基于光谱学分析和分组分析的结果。用来表征 DOM 特征的参数主要有离子交换能力、C/O 比值、有机污染物的吸附能力以及可利用 DOM 的含量等。现有分析 DOM 结构及官能团特征的手段主要包括分子量测定、元素分析、紫外光谱分析（UV）、核磁共振（NMR）、红外光谱分析（FTIR）、荧光光谱分析（EEM）、GC/MS 分析、LC – MS 分析、功能团和生物大分子水平上的结构分析等[6]。一般需要根据研究目的，综合选用多种分析技术来对 DOM 进行表征。这部分内容将在下节详细阐述。

1.3　垃圾渗滤液中溶解性有机物的研究现状

对 DOM 的研究，长期以来主要集中于河流、湖泊（水库）、地下水以及海洋等自然水体中，也有部分关于土壤、城市污泥、家畜粪便和堆肥过程中 DOM 研究的报道。近年来，由于污水灌溉的发展、污水的渗漏以及各种废水处理后的排放，大大影响到自然水体中 DOM 的本底含量和组成。因此，对污水和各种废水中 DOM 的研究越来越引起学者的关注。由于垃圾渗滤液的独特性和复杂性，其中的 DOM 组分几乎囊括了 DOM 的所有特征，因此，对垃圾渗滤液中 DOM 的研究具有很强代表性。一般认为，垃圾渗滤液中的 DOM 主要来源于垃圾中有机质的物理化学生物转化，可以占到渗滤液中总有机质的 85%[45,46]，是造成渗滤液处理过程中 COD 居高不下的主要原因。而且不同区域、不同填埋时间、不同填埋方式以及不同来源的渗滤液中 DOM 的组成差别很大[47,48]。目前针对垃圾渗滤液中 DOM 的研究主要集中于其结构组成、官能团信息和元素组成及 DOM 组分随填埋时间的变化规律上。一般是通过测定渗滤液 DOM 各组分的分子量分布、元素组成和光谱学特征来揭示其化学结构特征[49,50]。

1.3.1　垃圾渗滤液中溶解性有机物的性质和结构特征

渗滤液中 DOM 除了具有 DOM 的一般性质外，还具有一些特殊的性质。与一般水体相同，腐殖质是渗滤液中难降解 DOM 的主要成分，但其绝对含量远远高于一般水体。高含量的腐殖质会增加渗滤液的处理难度。根据 Christensen 等[51]的分离和净化方法，渗滤液中的 DOM 除了含有腐殖酸（Humic Acids，HA）和富里酸（Fulvic Acids，FA）以外，还含有一些亲水性有机质（Hydrophilic Organic Matter，HyI），包括亲水性有机酸、羧酸、氨基酸和碳水化合物等。2009 年，方芳等[52]提取和分离了垃圾填埋场和焚烧厂渗滤液中的 DOM，其中总酸度含量 HyI > FA > HA，羧基官能团含量 FA > HA > HyI。早在 1982 年，Artiolafortuny 等[53]曾指出渗滤液中 HA 占总有机碳的60%，FA 占10%。

另外，渗滤液中 DOM 的组成随填埋时间不同有很大差异。2002 年，陈少华等[54]研究发现腐殖质占渗滤液中 TOC 的65%，渗滤液中 DOM 组成随着填埋时间的增加会发生显著变化。He 等[45]研究了渗滤液中 DOM 组成随填埋时间的变化规律，表明随填埋时间的增加，渗滤液中腐殖质比例会提高，特别是 HA 所占比例增加显著。Fan 等[55]在研究中国台湾三个不同填埋龄的填埋场时也有类似结果。由于渗滤液中腐殖质所占比例随填埋时间的增加而提高，使晚期渗滤液的可生化性指标 BOD_5/COD_{Cr} 降到 0.1 以下，导致其可生化性大幅度下降，不适宜直接采用生物处理法。

1.3.2 垃圾渗滤液中溶解性有机物的分子量分布特征

分子量大小是影响有机物性质的主要因素。DOM 分子量分布与其化学性质有密切关系，是影响其环境性质的特征参数。了解 DOM 的分子量分布可以更好地理解其在水中的迁移转化方式及其对环境污染物的影响[56]。分子量分布的测定通常采用体积排阻色谱（GPC）[28,57]、超滤[58]和膜透析[59]等技术，这些技术的优点是可以在不破坏有机质原有结构的情况下，提供元素组成和官能团信息。分子量小于几千 Da 的 DOM 一般包括脂肪酸、芳香酸、氨基酸、单糖、低聚糖、低分子量富里酸，以及其他一些简单的有机酸，而高分子量 DOM 成分主要有多糖、多肽、高分子量的富里酸和腐殖酸阴离子去污剂等结构不明的复杂有机物。2000 年，Cabaniss 等[60]研究证实大分子量的 DOM 在水中的溶解度小，具有高的芳香度，可能含有较多的金属络合点；小分子量的 DOM 易溶于水，可以通过新陈代谢转化成生物有机体。通常 DOM 亲水性组分相对分子量较疏水性组分低。

2009 年，刘静等[61]采用不同孔径的微滤膜、超滤膜和纳滤膜，研究了上海老港生活垃圾填埋场不同填埋单元的渗滤液经生物床处理后出水中有机物的相对分子量。结果表明，处理后出水中有机物以分子量小于 1kDa 的 DOM 为主。为了深入了解渗滤液中 DOM 各组分的分子量分布及其随填埋时间的变化规律，何品晶等[62]通过对生活垃圾焚烧厂贮坑沥滤液历时 6 个月的常规污染物监测，分析了沥滤液中 DOM 的分子量分级和重金属在不同分子量 DOM 中的分布，发现填埋 6 周的渗滤液中，HA、FA 和 HyI 在大于 10kDa 的范围中分别占 47.1%、4.3% 和 0.3%，HyI 在 1kDa 以下的占 99.5%；但至第 7~8 周时，HA 主要分布在大分子量区域，且在大于 10kDa 的范围内含量最高；而 FA 和 HyI 仍主要分布于小分子量区域。可见渗滤液中的 FA 和 HyI 是构成小分子量有机物的主要物质，而大分子量的有机物主要为 HA，随着填埋时间的延长，HA 大分子量区间所占比例也会增加。2002 年，Kang 等[46]采用超滤法研究了三个不同填埋龄渗滤液中 HA、FA 和 HyI 的分子量分布，同样证实在渗滤液中 HA 主要分布在大分子量区间，FA 和 HyI 主要分布在小分子量区间，特别是在 1kDa 以下的结论；同时指出 FA 的平均分子量大于 HyI，HA 和 FA 的平均分子量随填埋时间的延长而增大，且 HA 分子量的增加更为明显。2001 年，Calace 等[63]比较了"成熟"和"年轻"垃圾渗滤液分子量的特征，结果表明，"成熟"填埋场渗滤液分子量分布更宽，且分子量更高。2006 年，Chen 等[64]研究垃圾渗滤液分子量分布表明，渗滤液有机物主要包括高分子量（11480～13182Da）组分和低分子量（158～275Da）组分，低分子量组分易于生物降解，高分子量组分难以生物降解，但可以通过过滤法去除。

1.3.3　垃圾渗滤液中溶解性有机物的元素组成特征

元素分析是最简单最重要的有机物表征手段之一。由元素分析所得出的 H/C、O/C 和 N/C 比值可以判断有机物的结构和官能团特征。H/C 比值代表了腐殖物质的芳香聚合性和成熟度。对于大多数的土壤或水体腐殖物质来说，H/C 原子个数比接近于 1.0，意味着有机质的化学结构以芳香结构为主，否则含有更多脂肪族的化合物；而当 H/C 比值高于 1.3 时，说明该类物质是非腐殖有机物。有机质中 H/C 和 O/C 原子个数比越大，表示有机物中含有更多羧基、酚基官能团或者碳水化合物[5,65]。

1999 年，Han 等[41]研究表明，渗滤液中有机质元素组成中 C 质量分数相对较低，为 11%～30%；而 O 和 N 元素含量很高，分别为 60% 和 6%～15%，而且不同填埋龄渗滤液中有机质各元素的质量分数有较大差别。2002 年，Kang 等[46]发现渗滤液中腐殖质的 C、H 元素含量比商业腐殖酸、水环境和陆地系统中的 HA 要低，而 N 元素含量相对要高得多，同时发现渗滤液中腐殖质的芳香化程度和碳水化合物的含量相对要低。另外，Nanny 等[66]分析了三个不同填埋场渗滤液中腐殖质的元素组成，发现这三种渗滤液中腐殖质的元素组成与含量差别很小，并且与 Kang 所得的渗滤液中腐殖质元素含量关系有较大差别。另外，有研究表明[41,46]，渗滤液腐殖质中的 N 元素含量比其他环境中的腐殖质高，而其他元素含量由于地理环境等因素的不同，表现出较大差别。由于缺乏对渗滤液腐殖质的元素组成特征随填埋时间演变规律的资料，目前还难以推断渗滤液中有机质和腐殖质元素组成等随填埋时间的演变规律。

1.3.4 垃圾渗滤液中溶解性有机物的光谱学特征

紫外光谱、红外光谱、荧光光谱和核磁共振等光谱分析技术可以分析有机物的结构和官能团特征。许多研究是综合运用这些技术，对 DOM 进行精细的结构和官能团的表征。近年来，国内外许多研究者采用这些技术报导了渗滤液中 DOM 的化学结构和官能团特征。

（1）紫外光谱分析

紫外光谱可以反映水中有机物的某些特性，如芳香性及不饱和双键或芳香环有机物相对含量的多少等[7]。有机物紫外光谱的研究主要有两种方式：一种是在一定范围内进行光谱扫描，从总体上区别不同有机质的紫外光谱特征；另一种是测定特定波长下的吸光度和吸光度比值，以区别有机质在结构上的差别，用得较多的有 $SUVA_{254}$、E_{280}、E_{300}/E_{400} 和 E_{465}/E_{665} 等[52]。

2008 年，张军政等[67]选取三个不同填埋龄的渗滤液样品，以 Leenheer 的分组方法为基础，将渗滤液中的 DOM 按极性和电荷特性分为结构均一的不同组分，用紫外光谱分析了其中三个组分。结果表明，HOA 和 HON 组分芳香环上的取代基均以羰基、羧基、羟基为主，而 HIN 组分则以脂肪链为主，同时芳香烃化合物含量较低。这就证实随着填埋年限的增加，三种组分的复杂化程度均呈上升趋势。1998 年，Christensen 等[51]研究证实腐殖质溶液的光谱吸收主要发生于紫外区，且随波长减少吸收强度增加，认为这是由于腐殖质中含有大量发色团重叠吸收所致。另外，$SUVA_{254}$、E_{280} 均可用于表征有机质的芳香性构化程度，其值越大，芳香化程度越高。2006 年，He 等[45]采用 $SUVA_{254}$ 分析渗滤液中 DOM 的不同组分，表明随着填埋时间的增加，渗滤液中

DOM 的芳香化程度增加，且其中腐殖质的芳香化程度远大于亲水性有机质。

（2）红外光谱分析

对于有机物官能团和分子结构特征，红外光谱分析可以得到比紫外光谱更详尽的信息，其中傅里叶红外光谱（FTIR）作为一种定性分析的工具，可以在不破坏样品的情况下，直接分析出有机质的主要官能团和部分分子结构特征。各类有机化合物都有其特定的官能团，而特定的官能团具有特定的红外特征吸收带；因此，根据这些特征吸收带，即吸收曲线的峰位、峰强及峰形就可以判断化合物中存在哪些基团。目前，红外光谱技术被广泛应用于 DOM 的表征。

2009 年，方芳等[52]对渗滤液中 DOM 的红外光谱分析表明，相同来源垃圾渗滤液的腐殖质在官能团和分子结构组成方面较为相似，L – HA 比 L – FA 含有更多芳香环结构，L – FA 中含有更多酸性基团。2008 年，李鸿江等[68]以矿化垃圾反应床处理渗滤液出水为研究对象，采用树脂串联法，对其进行梯度分离表征。元素分析和红外光谱结果显示，腐殖酸（HA）和富里酸（FA）带有苯环结构，存在醇羟基或酚羟基及羧酸官能团；准亲水性物质含有较多的羧酸官能团，另外存在一定量的羟基官能团，同时还可能含有三键和双键的结构。早在 1991 年，Magee 等[69]对土壤中 DOM 的 IR 分析表明，土壤中 DOM 主要含有羟基、芳香基、羧基等官能团。2002 年，Kang 等[46]采用 FTIR 法研究认为渗滤液中腐殖质的芳香化程度小于商业腐殖酸。2006 年，Fan 等[55]研究表明未封场渗滤液有机质中的脂肪族官能团含量大于已封场的渗滤液，含腐殖质较多的渗滤液中芳香性结构含量也越多，但均低于商业腐殖酸。

（3）荧光光谱分析

荧光光谱法是利用物质吸收特定波长光子后，分子跃迁到激发态而又很快返回基态时发生的光辐射现象。荧光光谱辐射峰的波长与强度包含许多有关样品物质分子结构与电子状态的信息。荧光光谱分析技术具有灵敏度高（比紫外－可见分光光度法高2~3个数量级），选择性好，而且能够提供激发光谱、发射光谱、发光强度、发光寿命、量子产率、偏振和各向异性等多方面信息的优点，已经成为一种重要的痕量分析技术。现阶段分子荧光主要有以下四种测量技术[70]。

1）固定波长扫描。可单独进行激发光或发射光的光谱扫描，包括固定激发波长而扫描发射波长所获得的发射光谱，和固定发射波长而扫描激发波长所获得的激发光谱。一般用于已知物质的定量分析。

2）同步扫描。两个单色器以一定的波长间距进行同步扫描；根据激发和发射单色器在扫描过程中所保持的关系，同步扫描技术可分为固定波长差（$\Delta\lambda$）、固定能量差（$\Delta\nu$）和可变角（可变波长）同步扫描三类。同步扫描技术具有使光谱简化、谱带窄化、提高分辨率、减少光谱重叠、提高选择性和减少散射光影响等诸多优点。

3）时间分辨荧光光谱。时间分辨荧光光谱技术是基于不同发光体发光衰减速率寿命的不同来进行，所以测量时要求带有时间延迟设备的脉冲光源和带有门控时间电路的检测器件，从而可固定延迟时间和门控宽度。用发射单色器进行扫描，可得到时间分辨发射光谱，从而可对光谱重叠但寿命有差异的组分进行分辨和分别测定；也可以固定发射波长，对门控时间进行扫描，从而得到荧光强度随时间的衰变曲线和给定时间处的荧光发射光谱。

4）三维荧光光谱。普通荧光分析所测得的光谱是二维谱图，而实际上荧光强度应是激发和发射这两个波长变量的函数。描述荧光强度同时随激发波长和发射波长变化的图谱，即为三维荧光光谱（Three-Dimensional Excitation Emission Matrix Fluorescence

Spectroscopy，3DEEMs）。三维荧光谱的三个维度通常是指荧光强度、激发光波长和发射荧光波长，其与常规荧光分析的主要区别是能获得激发波长和发射波长同时变化的荧光强度信息，这种反映荧光强度随激发和发射波长变化的立体图谱，包含丰富完整的光谱信息，是一种很有价值的光谱指纹技术。作为一种快速检测技术，对化学反应的多组分动力学研究有独特的优点；采用三维光谱技术进行多组份混合物的定性、定量分析，是分析化学的热点之一。

三维荧光光谱通过在不同的激发波长上扫描发射荧光，获得激发 - 发射矩阵（EEM），然后基于 EEM 数据以三维立体图或等高线（指纹图）的形式形象地描绘出来。等高线图是以激发波长、发射波长为坐标，绘制等荧光强度的曲线；等角三维投影图是以激发波长、发射波长、荧光强度为坐标的三维图。前者容易体现与常规荧光光谱和同步光谱的关系，应用较多。由于 DOM 组分的分子结构大多具有共轭双键芳香烃或碳基、羧基等共轭体系，在紫外光区受到特定波长光线的激发照射时会发射不同波长的荧光。三维荧光光谱可以快捷地揭示 DOM 中类腐殖质和类蛋白质荧光团的组成信息，因此该技术广泛用于 DOM 的研究中[70,71]。

目前，应用三维荧光法分析天然水体和污水 DOM 的研究有大量报道[72~74]。一般天然环境中各种 DOM 物质的 E_x/E_m 不同荧光峰位置代表的物质种类如下[71]。峰位置 E_x/E_m 为（350 ~ 440）nm/（430 ~ 510）nm 的荧光峰为类腐殖酸物质；峰位置 E_x/E_m 为（310 ~ 360）nm/（370 ~ 450）nm 的为可见区类富里酸：这两种物质与腐殖质结构中的羰基和羧基有关。峰位置 E_x/E_m 为（260 ~ 290）nm/（300 ~ 350）nm 的为类蛋白，可以进一步细分为类色氨酸荧光 [E_x/E_m 为（270 ~ 290）nm/（320 ~ 350）nm] 和类酪氨酸荧光 [E_x/E_m 为（270 ~ 290）nm/（300 ~ 320）nm] 两类；

峰位置 E_x/E_m 为（240~270）nm/（370~440）nm 的为紫外区类富里酸，定义为 Peak A。

2003 年，Chen 等[75] 根据 FRI 分析法将污水中 DOM 荧光图谱分为 5 个区域，对应于 5 类物质，如表 1-2 所示。其中芳香性蛋白质 I 和芳香性蛋白质 II 为类蛋白类，主要包括色氨酸和酪氨酸。

表 1-2　DOM 三维荧光光谱图中物质分类

名称	E_x/E_m/nm
微生物沥出物	（250~280）/（290~380）
类腐殖酸荧光	≥250/（380~480）
富里酸荧光	（220~250）/（380~480）
芳香性蛋白质 II	（220~250）/（330~380）
芳香性蛋白质 I	（220~250）/（280~330）

近年来，三维荧光光谱分析技术用于垃圾渗滤液 DOM 研究的报道也逐渐增多。2008 年，席北斗等[76] 选取不同填埋龄的垃圾渗滤液，利用荧光检测技术，分析了渗滤液 DOM 组成变化。荧光同步扫描光谱表明，对填埋 0~5 年的渗滤液，结构简单的化合物在较短波长的特征峰荧光强度急剧降低，而在 5~10 年的降低幅度较小；三维荧光光谱显示，填埋 0 年，垃圾渗滤液 DOM 产生两个类蛋白荧光峰（E_x/E_m = 270nm/355.5nm 和 E_x/E_m = 220nm/350nm）；而填埋 5 年后，类蛋白荧光峰消失，形成两个结构复杂的类富里酸荧光峰（E_x/E_m = 330nm/412.5nm 和 E_x/E_m = 250nm/416.5nm），表明 DOM 分子中简单化合物减少，缩合度高的化合物增加。随着填埋时间的推移，DOM 成分相对稳定，以富里酸类物质为主，但其数量及芳香化程度则呈增加的趋势。证明随着填埋年限的增加，DOM 分子呈复杂化趋势。

2010 年，赵越等[77]采用荧光分析法，对不同 pH 下三个不同填埋龄渗滤液中 DOM 的荧光特性进行了研究。同步荧光光谱表明，填埋 1 年及 10 年渗滤液 DOM 的同步荧光图中各峰的荧光强度 pH＝4 时最强；填埋 5 年渗滤液 DOM 在 pH＝12 时荧光强度最强，pH＝4 时的荧光强度次之。三维荧光光谱表明，填埋 1 年及 5 年渗滤液中类蛋白峰强度在 pH＝10 达到最大，而填埋 10 年的渗滤液在 pH＝8 时荧光强度最强；可见区类富里酸峰强度在 pH＝10 达到最大值，而紫外区类富里酸峰较强的荧光强度则分别在 pH＝4 和 pH＝10；与类富里酸物质相比，类蛋白物质更容易受 pH 的影响。叶少帆等[78]运用凝胶色谱法和三维荧光光谱技术，研究了 Fenton 试剂氧化前后垃圾渗滤液腐殖酸组分（富里酸、胡敏酸）的分子质量分布和有机物荧光特性。宋建刚等[79]利用同步荧光光谱和三维荧光光谱技术分析了 717 树脂处理卫生填埋场渗滤液过程中有机质的组成变化。同步荧光光谱显示，在开始 10min 内，波长较长的特征荧光峰强度急剧下降，波长较短的荧光峰升高，其后变化不大。三维荧光光谱扫描发现，渗滤液中只有两个类富里酸荧光峰；随着时间的增长，荧光峰强度下降，紫外和可见类富里酸荧光强度比值降低，发射波长明显蓝移。2009 年，何小松等[80]对垃圾渗滤液中 DOM 进行分离提取，采用荧光光谱分析，对 DOM 与 Hg（Ⅱ）的相互作用过程进行了研究。荧光发射光谱分析表明，渗滤液 DOM 的组成物质结构简单，对 Hg（Ⅱ）的配合能力强，配合 Hg（Ⅱ）后表现出的荧光特性是各个荧光基团共同作用的结果。荧光激发光谱分析显示，在 DOM 与 Hg（Ⅱ）的配合过程中，不同来源的—OH 和—NH₂ 都参与了配合作用；同步荧光光谱分析表明，Hg（Ⅱ）不仅能产生荧光猝灭效应，而且低浓度的 Hg（Ⅱ）与 DOM 结合后还能使 DOM 中某些物质的刚性结构增强；三维荧光光谱证实，DOM 与 Hg（Ⅱ）的配合过程中，C＝O 和—COOH 与 Hg（Ⅱ）形成了配位键，同时在此过程中，金属能级之间或其与蛋白类物质的能级之间发生了电荷位移跃迁。

2009 年，吉芳英[81] 利用荧光发射和三维荧光光谱，研究了垃圾渗滤液各处理工艺出水中 DOM 的荧光光谱特性，并根据文献将荧光峰位置与对应物质进行精确划分。结果表明渗滤液 DOM 含有类酪氨酸、色氨酸及紫外区类富里酸，特征荧光峰中心位于 $E_x/E_m = 275\text{nm}/305\text{nm}$ 处，为高激发波长类酪氨酸，与前人的研究结果并不一致，这可能与垃圾的堆放期有关。渗滤液各处理工艺出水的荧光指数 $f_{450/500}$ 均大于 1.9，表明腐殖质主要为微生物源。渗滤液在处理前后荧光峰特征和强度均发生明显改变，类蛋白荧光强度与 DOC 值变化趋势基本一致。生化处理工艺中，类蛋白荧光强度降低了 66.4% ～ 95.5%，紫外区类富里酸荧光强度只降低了 28.8%，显示类蛋白质具有良好的可生化性，而类富里酸相对较难生化降解。

2009 年，Lu 等[82] 研究了不同填埋时间垃圾渗滤液好氧和厌氧处理前后的三维荧光特性，发现其中有 6 个荧光位置（$E_x240\text{nm}$，310nm，$360\text{nm}/E_m460\text{nm}$），（$E_x220\text{nm}$，$280\text{nm}/E_m 340\text{nm}$），（$E_x220\text{nm}$，$270\text{nm}/E_m300\text{nm}$），（$E_x220\text{nm}$，$280\text{nm}/E_m 360\text{nm}$），（$E_x230\text{nm}$，$320\text{nm}/E_m420\text{nm}$）和（$E_x220\text{nm}$，310nm/$E_m400\text{nm}$）。早在 2000 年，LeCoupannec 等[83] 就研究了渗滤液的荧光特性，但仅局限于渗滤液的萃取物分析，荧光分析的范围也仅限于激发波长 $E_x = 250 \sim 350\text{nm}$。

1.3.5 垃圾渗滤液中溶解性有机物的气相色谱－质谱联用技术分析

气相色谱－质谱联用技术（GC/MS）是把复杂的多组分有机混合物分离出许多单个组分后，再把单一组分逐个通过质谱计进行定性或定量分析的方法，能满足许多痕量有机物分析的要求，可以用来分析鉴定农药、多环芳烃、多氯联苯和挥发性有机物等，在环境分析中应用广泛。目前有很多使用 GC/MS 对垃圾渗滤液有机成分研究的报道。2003 年，刘军等人[84]用 GC/MS 研究了人工模拟垃圾填埋场产生的渗滤液，得到可信度在 60% 以上的有机污染物 34 种。2005 年，杨志泉等人[85]用 GC/MS 分析了广州大田山填埋场渗滤液的有机污染物，得到可信度在 60% 以上的有机污染物 73 种，而且有 16 种物质被列入我国环境优先污染物的"黑名单"。2007 年，刘田等[86]采用 GC/MS 对深圳市两个填埋场渗滤液中的有机污染物进行分析，分别检测出主要有机物 72 种和 57 种，其中含有大量难降解有机物，如酚类、胺类和杂环类物质。2009 年，张胜利等[87]利用 GC/MS 研究了成都市长安垃圾填埋场渗滤液可生化性与有机污染物种类和性质的关系。

2006 年，Banar 等[88]采用固相萃取 – GC/MS 分析了土耳其埃斯基谢希尔垃圾填埋场渗滤液，检测到 33 种有机物。2004 年，Menendez 等[89]利用顶空固相微萃取 – GC/MS（HS – SPME/GC/MS）研究了垃圾渗滤液中挥发性有机氯杀虫剂的测定。同年，Li 等[90]研究了 Co/Bi 催化剂催化湿式氧化降解垃圾渗滤液，通过 GC/MS 分析了垃圾原液及处理液中有机物种类，得出有机酸占到渗滤液 TOC 的 88%，并推测了有机酸的降解历程。1999 年，Saba等[91]采用 SPME – GC/MS 结合蒸馏预处理检测了垃圾渗滤液中的有机物。早在 1997 年，Gobbels 等[92]就报道了分别采用 GC/MS 和裂解气相色谱/质谱（Py – GC/MS）分析四个生活垃圾填埋场渗滤液和一个危险固体废弃物渗滤液中腐殖酸和富里酸的组成，并且与土壤渗滤液加以比较，结果表明垃圾渗滤液与土壤渗滤液中的腐殖酸和富里酸完全不同。

1.3.6 垃圾渗滤液处理过程中溶解性有机物的变化规律研究

目前，对污水中 DOM 的研究越来越引起研究者的关注，但是对污水处理过程中 DOM 结构和官能团变化情况的研究还很少。对于垃圾渗滤液处理的研究，大多数也集中于对于常规指标 BOD、COD、TOC、色度和氨氮等指标的考察，部分是从提高可生化性的角度来研究对渗滤液的处理效果[93,94]，而对于各种水处理工艺中渗滤液 DOM 的转化特征和变化规律的研究相对较少。由于 DOM 不同组分的结构和性质有较大差异，因此垃圾渗滤液的各种处理工艺对 DOM 各组分的处理效果也有很大差异，一般认为生物处理法对低分子量、腐殖化程度较高的富里酸处理效果较差；另外，对同一组分不同分子量的 DOM 的处理效果也存在较大差异[45,50]。因此，研究处理过程中垃圾渗滤液 DOM 不同组分的变化特征，对于反映填埋场的稳定化程度和选择合适的渗滤液处理工艺，具有重要的指导意义[49]。

2004 年，Wiszniowski 等[95]研究了各种无机盐对太阳光催化氧化降解模拟垃圾渗滤液过程中腐殖酸的影响，分析了可生化性的改变，但没有涉及处理过程中 DOM 组分的结构变化特征。2006 年，Zhang 等[96]研究了膜技术处理垃圾渗滤液的吸收光谱变化，分析了处理过程中分子量的变化。2008 年，He 等[45]报道了好氧和厌氧生物反应器处理后，垃圾渗滤液 DOM 的组分变化特征。结果表明，HA 的分子量主要大于 10kDa，FA 和 HyI 分别是分子量小于 50kDa 和 4kDa；在有氧条件下，HA、FA 和 HyI 的含量均减少，对于 FA 和 HyI 分子量小于 4kDa 的组分减小更快，处理后残余物难以生物降解；絮凝沉降处理的大部分是分子量大于 10kDa 的 FA，对 HyI 没有效果，也不能改善其可生化性；电解处理对大分子量物质效果较好，并且可以提高生物处理后流出液的可生化性。

2009 年，Zhang 等[97]研究了氨基柱 NDA-8 吸附处理絮凝后渗滤液中 DOM 三种组分 HA、FA 和 HyI 的变化情况，结果表明，

HA 和 FA 占 DOM 的 75%，平均分子量大约 1kDa；与 DOM 的其他组分相比，HA 和 FA 具有较少的稠环芳香族结构，并有更多的酸性官能团；采用该吸附处理法可有效去除渗滤液中的 DOM 物质和重金属离子。2009 年，Song 等人[98]研究了上海老港垃圾填埋场渗滤液生物处理后流出液，用粉末活性碳、颗粒活性碳和仿生脂肪吸附材料对其中疏水性有机物（HOCs）吸附处理效果进行对比，结果表明，生物处理后的 HOCs 只有 11.2% 的分子量小于 1kDa。2010 年，Bu 等[99]研究了采用 SBR 工艺 + Fenton + 活性炭吸附联合工艺处理垃圾渗滤液，分析了 DOM 五种不同组分 HOA、HON、TPI – A、TPI – N、HPI 的变化特征。结果表明，HOA 是垃圾原液中的主要组分，占 DOM 的 36%；在处理液中 HPI 占 DOM 的 53%；而且，多数大分子物质被降解为 1kDa 以下的小分子物质；光谱和色谱分析结果表明，类腐殖质被有效去除是导致处理液中芳香性降低的主要原因。2005 年，薛俊峰等[47]以上海老港垃圾填埋场调节池的渗滤液及经厌氧垃圾填埋柱循环回灌处理后的出水为研究对象，对 DOM 中 HA、FA 和 HyI 三种组分分别进行含量、酸度、比紫外吸收值（$SUVA_{254}$）及分子量分布的分析。结果表明，渗滤液经厌氧垃圾填埋柱循环回灌后，HA 和 FA 所占比例增加，HyI 下降；弱酸基官能团含量升高，羧基官能团含量降低；HA、FA 和 HyI 组分的 $SUVA_{254}$ 均提高；DOM 分子量分布由 1kDa 以下的占 83.5% 降为仅占 46.1%。2010 年，刘智萍等[100]研究了 Fenton 试剂对渗滤液中 DOM 的处理效果，分析了处理前后 DOM 各组分及表观分子量的变化。结果表明，处理前，HA 和 FA 为 DOM 主要组成部分，其 COD、DOC 及 UV_{254} 质量分数分别为 DOM 总量的 77.5%、76.2% 和 86.7%；处理后渗滤液中 DOM 以 FA 和 HyI 为主，两者的 COD、DOC 及 UV_{254} 质量分数分别为 DOM 总量的 97.6%、95.2% 和 95.1%。

Fenton 反应前，HA 中以 > 4kDa 的有机物为主，FA 和 HyI 以 <4kDa的有机物为主；反应后，三种组分中均以 <4kDa的有机物为主。Fenton 试剂对渗滤液中三种组分的去除能力总体呈现HA > FA > HyI 的趋势。

通过以上文献可以看出，现有报道大多数是对垃圾渗滤液处理前后 DOM 组分的变化进行对比分析，对不同处理工艺中各阶段 DOM 的变化规律、转化过程及反应机理等仍没有系统报道。

1.4 高级氧化技术在垃圾渗滤液处理中的应用

由于垃圾渗滤液的复杂多变性和独特性，目前还没有一种全能的适合所有填埋场或某一填埋场整个运营期和监管期的渗滤液处理技术，垃圾渗滤液处理仍然是目前尚未彻底解决的难题，因此亟待开发新颖高效的渗滤液处理技术。目前常用的垃圾渗滤液处理方法有生物处理法、土地处理法、物化处理法等，其中物化处理法中的高级氧化技术近些年来备受国内外学者的关注[101,102]。

高级氧化技术又称为深度氧化技术，以产生具有强氧化能力的羟基自由基（·OH）为特点，在高温高压、电、声、光辐照以及催化剂等辅助反应条件下，使大分子难降解有机物氧化成低毒或无毒的小分子物质。根据产生自由基的方式和反应条件的不同，可将其分为光化学氧化、催化湿式氧化、声化学氧化、臭氧氧化、电化学氧化、Fenton 氧化和类 Fenton 氧化等[103,104]。

1.4.1 催化湿式氧化法

催化湿式氧化法（CWAO）是指在高温（120～320℃）、高压（0.5～10MPa）和催化剂（氧化物、贵金属等）等存在的条件下，将污水中的有机污染物和 NH_3—N 氧化分解成 CO_2、N_2、H_2O 及其他低分子有机物等无害物质的方法。2003 年，Cao

等[105]采用 Pt 改性活性炭作为催化剂，对工业废水和垃圾渗滤液混合液进行催化湿式氧化法处理研究，结果表明，在适宜处理条件下，COD 和 TOC 去除率可达 90% 以上，NH_3—N 去除率在 50% 以上。2005 年，李鱼等[106]采用催化湿式氧化技术，以 Co/Bi 为催化剂，对垃圾渗滤液中氨氮（NH_4^+—N）进行降解处理，并利用 GC/MS 检测了垃圾渗滤液中含氮有机物的相对含量。2008 年，王健[102]以小分子有机酸（乙酸、正丁酸、正己酸）和氨溶液为模拟废水，研究了催化湿式氧化降解垃圾渗滤液模拟废水过程中氨水和有机酸之间的关系及降解机理，建立动力学方程，从而为催化剂的研究及该方法的实际应用创造了条件。

1.4.2　声化学氧化法

声化学氧化法主要利用超声波。一种是利用频率为 15kHz ~ 1MHz 的声波，在微小的区域内瞬间产生的氧化剂（如·OH）去除难降解有机物。另一种是超声波吹脱，主要用于废水中高浓度的难降解有机物的处理。2003 年，Evelyne Gonze 等[107]采用超声波技术对老龄垃圾填埋场的渗滤液进行了深度处理研究，结果表明，BOD_5/COD 值达 0.014 时，其 COD 去除率可达 70%，并指出对于老龄垃圾填埋场渗滤液，以超声波法作为预处理或深度处理技术，再与生物法相结合是一个较好的选择。2010 年，晏飞来[108]等采用超声波强化 TiO_2 光催化技术处理垃圾渗滤液。研究了 TiO_2 催化剂用量、光照作用、超声波作用、pH 和曝气作用等因素对垃圾渗滤液中 COD 和氨氮去除率的影响。超声波法能够高效清洁地去除大量难降解的有机物，但该方法能量转换效率低、能耗高、连续流模型难以放大，且超声波的有效声强难以准确定量，所以其应用于工程实际存在一定的困难。

1.4.3　电化学氧化法

电化学氧化法是指通过电极反应氧化去除水中污染物的过

程，分为直接氧化和间接氧化。直接氧化主要依靠水分子在阳极表面上放电产生的·OH 氧化去除污染物；间接氧化是指通过溶液中 Cl_2/ClO_2^- 的氧化作用去除污染物。2005 年，Peterson[109] 等使用 $TiO_2 - RuO_2$ 为电极采用电解法处理垃圾渗滤液，结果表明，在适宜条件下渗滤液 COD、TOC、氨氮的去除率可分别达到 73%、57% 及 49%，脱色率可达到 86%。2004 年，李庭刚等[110] 采用电化学氧化和厌氧生物联合系统进行垃圾渗滤液的处理研究，表明电解氧化法对渗滤液中难降解有机物具有较好的去除效果，可使苯酚的去除率达到 82%，提高了渗滤液的可生化性。2002 年，陈卫国[111] 提出了电催化系统（ECS）组合电生物炭接触氧化（EBACoR）处理垃圾渗滤液的方法，研究得出，垃圾渗滤液中的 64 种有毒有机污染物经 ECS 处理后，大部分可被矿化成 CO_2、H_2O 或降解为小分子有机物，降解效果较好。电化学氧化对垃圾渗滤液中的 COD 和 NH_3—N 都有很好的去除效果，比一般化学反应的氧化和还原能力更强，适应性较强，而且不产生二次污染，产泥量少。但是在实际应用中存在着电流效率偏低和反应器效率不高、能耗较大等缺点，经济上不合理。

1.4.4 Fenton 氧化法

Fenton 氧化法是一种较常用氧化技术，即利用 Fe^{2+} 和 H_2O_2 之间的链反应催化生成·OH 自由基，氧化各种有毒和难降解的有机化合物。特别适用于生物难降解或一般化学氧化难以奏效的有机废水（如垃圾渗滤液）的氧化处理。Fenton 试剂可以用于分解很多有机物，如五氯酚、酚、三氯乙烯、偶氮类染料、硝基酚、氯苯、芳香胺、三卤甲烷、甲基对硫磷和表面活性剂等。2004 年，Antoniol[112] 等采用 Fenton 试剂对垃圾渗滤液进行预处理，可使渗滤液 COD 的最大去除率达到 60%。2010 年，赵庆良等[113]研究垃圾渗滤液 SBR 处理的出水在 Fenton 氧化过程前后 DOM 结构和官能团变化规律，利用树脂分离技术将水样中的 DOM 分级为憎水性有机酸（HPO－A）、憎水性中性有机物（HPO－N）、过渡亲水性有机酸（TPI－A）、过渡亲水性中性有机物（TPI－N）和亲水性有机物（HPI），HPO－A 和 HPO－N 为 SBR 出水 DOM 中主要组分（占总含量的 67%）。经 Fenton 高级氧化后，DOM 的总去除率为 60.01%，其荧光光谱特性发生了明显变化，DOM 五个组分的 SUVA 均呈上升趋势，说明氧化过程中五个组分的芳香性增强。在傅里叶红外光谱（FT－IR）分析中，HPO－A 和 TPI－A 均显示了很强的羧酸基团吸收峰，而 HPO－N 和 TPI－N 的谱图十分相近，有较强的脂肪烃吸收峰。Fenton 反应后，HPO－A 和 TPI－A 中的 O—H、—COOH 的含量降低，而苯环、C—O 和 C＝O 含量升高，还生成了 1—酰胺。2010 年，吴彦瑜等[114]采用 Fenton 试剂处理反渗透浓缩渗滤液，通过腐殖酸相对含量（UV_{254}）、COD_{Cr}、TOC、腐殖酸对 COD_{Cr} 去除的贡献比及氧化/混凝去除率比等表征手段，比较多种因素对渗滤液 COD_{Cr} 和 UV_{254} 的去除效果。结果表明，在试验范围内，UV_{254} 去除率（48.5% ~ 78.2%）高于 COD_{Cr} 去除率（40.3% ~ 62.5%）；腐殖酸对 COD_{Cr} 去除的贡献比远高于反应前，说明腐殖酸的降解影响和控制着整个体系 COD_{Cr} 的去除。

1.4.5 类 Fenton 氧化法

类 Fenton 氧化法就是利用 Fenton 氧化法的基本原理，将 UV、O_3 和光电效应等引入反应体系。因此，从广义上讲，可以把除 Fenion 氧化法外，通过 H_2O_2 产生羟基自由基处理有机物的所有其他技术都称为类 Fenion 氧化法。作为对 Fenton 氧化法的改进，类 Fenion 氧化法的发展潜力更大。类 Fenton 氧化法具有操作简单、反应条件相对温和、效率高等优点，对于处理垃圾渗滤液极具应用潜力。2006 年，杨运平等[115]采用 UV/TiO$_2$ 与 Fenton 氧化法的联合工艺处理垃圾渗滤液，考察了反应温度、pH、TiO$_2$ 投加量、H$_2$O$_2$ 用量等对 COD 去除率和脱色率的影响，比较了单一的 Fenton 氧化法、UV/TiO$_2$ 氧化法和 UV/TiO$_2$/Fenton 氧化法处理垃圾渗滤液的效果。结果表明，反应温度越高，对垃圾渗滤液中 COD 的去除率和脱色率也越高；pH = 4 时处理效果较好，pH 过低会抑制·OH 的产生，pH 过高则水中胶体不易被去除，且 Fe^{2+} 易失去催化活性；TiO$_2$ 投加量需适当，TiO$_2$ 过量会引起光散射，降低紫外光辐射效率；过量的 H$_2$O$_2$ 会引发自由基链反应终止；UV/TiO$_2$ 与 Fenton 试剂耦合，可促进 TiO$_2$ 表面羟基化，提高·OH 的生成效率，加快自由基的链传递，提高对污染物的降解速率。2009 年，潘云霞等[116]研究了利用太阳光 Fenton 氧化法处理垃圾渗滤液，结果表明，优化条件下太阳光 Fenton 氧化法对垃圾渗滤液 COD 去除率可达 86.2%。

1.4.6 臭氧氧化法

臭氧氧化法主要是通过直接反应和间接反应两种途径来实现。其中直接反应是指臭氧与有机物直接作用，对具有双键的有机物有较强的选择性，因此，对不饱和脂肪烃和芳香烃类化合物处理效果较好；间接反应是指臭氧在水中分解产生·OH，通过·OH 与有机物进行氧化反应，这种方式不具有选择性。2004 年，Ramirez 等[117]采用絮凝 - 臭氧法对垃圾渗滤液进行处理研究，结果表明，垃圾渗滤液的色度能被臭氧快速氧化而去除，而臭氧去除难降解有机物的过程受到反应动力的限制，渗滤液中盐度的高低对臭氧的反应能力无显著影响。2009 年，王利平等[118]研究了催化氧化法对垃圾渗滤液中的 COD 和氨氮去除效果，对臭氧氧化和催化臭氧氧化效率进行了对比，结果表明，在投加催化剂的情况下 COD 的去除效率可得到显著提高，适宜条件下，处理 COD

为 4980mg/L、氨氮为 2100mg/L 的垃圾渗滤液废水，废水中的 COD 及氨氮的去除率分别可达到 81.9% 和 99.04%。2008 年，潘留明等[119]用臭氧强化光催化工艺对垃圾渗滤液进行了深度处理，优化了工艺参数，对比了最佳工艺条件下各时间段的出水指标，结果表明，臭氧强化光催化工艺不仅可以提高处理能力，还有效地改善了出水的可生化性。2007 年，刘卫华[103]进行了催化臭氧去除垃圾渗滤液中 DEHP 及高浓度腐殖质的机理研究，结果表明，无论是臭氧氧化还是催化臭氧氧化都具有显著的脱色作用，并可有效去除以 UV_{254} 表征的有机物。催化臭氧氧化法降解腐殖质的效率比单独臭氧氧化法有显著提高。Fe（II）和 Cu（II）的催化作用机理主要是通过各物质与溶液中溶解的臭氧发生反应而产生·OH，进而显著提高氧化过程对腐殖质的降解能力。

臭氧氧化法虽然具有较强的脱色和去除有机污染物的能力，但运行费用较高，对有机物的氧化具有选择性，在低剂量和短时间内不能完全矿化污染物，且分解生成的中间产物会阻止臭氧的氧化进程。因此臭氧氧化法用于垃圾渗滤液的处理存在很大的局限性。

1.4.7 微波催化氧化技术

微波属于电磁波的一种，它的波长为 1mm ~ 1m，频率为 300MHz ~ 300GHz。由于微波辐射具有热效应和非热效应，利用微波能量可提高化学反应的反应速度，且能耗低、反应快速均匀。因此，近年来微波化学逐渐受到重视，并在许多方面得到了广泛应用。

国内外采用微波催化氧化技术处理废水的研究正在逐渐展开，主要用于染料、炼焦、酒精、炼油及餐饮等废水等的处理上。2009 年，丁湛[104]采用进行了微波辅助类 Fenion 氧化法处理老龄垃圾渗滤液，并通过正交试验设计及灰色关联理论分析了试验影响因素，优化了反应条件。同年，林于廉[101]采用三种催化剂研究了微波催化氧化技术处理垃圾渗滤液处理新工艺；采用动力学模型模拟了有机物浓度降解趋势，通过分子量分级分析了渗滤液中有机物的分子量变化和采用全谱扫描分析了反应过程中有机物种类的变化。结果表明，用改性催化剂处理渗滤液，出水COD_{Cr}浓度和氨氮浓度分别为 257mg/L 和 99.2mg/L，处理效能分别为 94.9% 和 94.7%，出水氨氮、COD_{Cr}浓度均满足城市污水的三级排放标准。

1.4.8 光化学氧化法

光化学氧化法包括光激发氧化法（如 O_3/UV）和光催化氧化法（如 TiO_2/UV）。光激发氧化法主要以 O_3、H_2O_2、O_2 和空气作为氧化剂，在光辐射作用下产生·OH；光催化氧化法则是在反应溶液中加入一定量的半导体催化剂，使其在紫外光的照射下产生 OH。两者都是通过·OH 的强氧化作用对有机污染物进行处理。由于反应条件温和、氧化能力强，光化学氧化法近年来迅速发展，这部分内容将在下节详细阐述。

1.5 光催化氧化技术的研究进展

1.5.1 光催化氧化技术的发展及存在问题

光催化氧化（Photocatalytic Oxidation）是一种新型现代水处理技术，属于高级氧化技术（Advanced Oxidation Process，AOPs）的一种，具有工艺简单、能耗低、易操作和无二次污染等特点，尤其对一些特殊的污染物比其他氧化法有更显著的效果。光催化氧化法是在反应溶液中加入一定量的半导体催化剂，使其在紫外光的照射下产生·OH，通过·OH 的强氧化作用对有机污染物进行处理。纳米光催化技术可追溯于 1972 年，日本东京大学科学家 Fujishima 和 Honda[120] 在《Nature》杂志上报道了水在 TiO_2 单晶电极的光照射下会分解为氧和氢的现象，同时他们还发现水中的一些微量有机物也被降解掉了，从而激发了世界各国科研工作者研究从水中获取氧的工作。虽然许多金属氧化物半导体（如 TiO_2、ZnO、CdS、Fe_2O_3、SnO_2、WO_3 等）都具有光催化活性，但 ZnO、CdS 等在光照时不稳定，且其腐蚀产物 Zn^{2+}、Cd^{2+} 会带来二次污染。而 TiO_2 作为光催化剂，具有以下四个优点：① TiO_2 的禁带宽度为 $3.0 \sim 3.2eV$，可以用 387.5nm 以下的光源激发活化，通过改性有望直接利用太阳能来驱动光催化反应；② 光催化活性高，TiO_2 的导带和价带的电位使其具有很强的氧化 – 还原能力，可分解大部分的有机污染物；③ 化学稳定性好，具有很强的抗光腐蚀性；④ 价格便宜，无毒且原料易得。TiO_2 无毒、活性高、廉价、耐紫外光腐蚀、耐强酸强碱和耐强氧化剂的特点，以及催化活性高和反应条件温和等优点，使其在污水处理、空气净化、太阳能利用、抗菌、防雾和自洁净等领域的应用前景受到了广泛关注[121,122]。

美国的科学家 Pruden 和 Ollis 等[123] 于 1983 年报道了 TiO_2 光催化矿化氯代烃污染物，最早把半导体光催化作为水净化方法。接着 Mukherjee 等[124] 分别用 TiO_2 光催化氧化处理氯苯、氯代苯酚、苯酚等，证实了半导体光催化不局限于脂肪族化合物，同样也适用于芳香环化合物。TiO_2 光催化能够降解水和空气中烷烃、烯烃、脂肪醇、酚类、羧酸、芳香族化合物及卤化物，可以将染料、表面活性剂、除草剂、杀虫剂、氰化物、亚硝酸盐等光催化降解为无毒小分子物质，清除其对环境的污染。此外，TiO_2 在杀菌消毒、光解水产 H_2 等方面的研究也取得了一定进展。到目前为止，在世界范围内展开了对 TiO_2 光催化降解水中有机污染物的广泛研究，范围包括有机酸类染料、硝基芳烃、取代苯胺、多环芳烃、杂环化合物、烃类、酚类、表面活性剂和农药等有机化合物[125]。

尽管光催化氧化技术在降解有机污染物方面具有许多十分明显的优点，但目前研究大多集中于实验室模拟废水处理，在实际工作中的应用还存在下列问题[126~128]：

1）光催化量子效率低（约4%），难以处理量大且污染物浓度大的废水；

2）光谱响应范围窄，太阳能利用率低，水环境中的污染物能在 TiO_2 催化作用下迅速光降解，但由于 TiO_2 带隙较宽，只能吸收紫外光或太阳光中紫外线部分（$\lambda < 387.5nm$）；

3）光催化氧化效率受到废水色度、浊度和其他多种因素的影响，因此对复杂组分废水的直接或单独处理应用较少；

4）多相光催化氧化反应机理尚不清楚；由于有机物分解反应过程复杂，中间产物多种多样，目前光催化氧化理论研究尚处于探索阶段；

5）所采用的反应模型常为经验公式或简单的一级反应动力学模型，并且所建立的模型大多来源于理想溶液状态下的实验数据，与实际污水处理条件不符，因此与实际应用仍有一定差距；

6）由于 TiO_2 具有超亲水性，所以在光催化过程中，反应副产物或中间产物会占据催化剂表面活性中心，阻碍了被降解物在催化剂表面的吸附，从而使催化剂的活性降低；光催化剂的负载和分离回收问题制约其实际应用；

7）大型光催化反应器的设计是实验室小型反应器向工业化发展的必然要求，目前这方面的研究仍处在理论研究和验证阶段。

1.5.2 光催化氧化在水处理中的应用研究

目前，许多研究者致力于光催化氧化技术降解持久性难降解有机污染物的研究[129,130]，对影响光催化氧化效率的因素、动力学特征、降解机理、反应历程，以及环境中混合有机污染物光催化氧化的综合作用机制等做了大量研究。

近年来，内分泌干扰物（EEDs）的污染问题受到普遍关注。对于包括双酚 A、DDT、甲氧氯、烷基酚、PCBs、酞酸酯、雌二醇（E2）、雌三醇、雌酮和合成雌激素己烯雌酚（DES）、17α - 乙炔基雌二醇（EE2）以及 17β - 雌二醇等多种典型污染物，采用常规的水和废水处理很难完全有效地去除[131,132]。2000 年，Coleman 等[121]用固定 TiO_2 对 E2 进行光降解，3.5h 内 E2 去除率达 98%，降解动力学符合 Langmuir - Hinshelwood 模型。2005 年，杨洪生等[133]以 Suwannee 河富里酸（SRFA）为光敏化剂，用中压汞灯模拟阳光，研究了双酚 A 在 SRFA 溶液中的光解动力学，结果表明双酚 A 在 SRFA 溶液中的光解历程可能与激发三重态富里酸的能量转移密切相关，最后采用 GC/MS 鉴定了双酚 A 在 SRFA 体系中的光解产物，探讨了双酚 A 在 SRFA 体系中可能的反应历程。2002 年，Tanzaki 等[134]用 TiO_2 薄膜研究了雌激素 E2、EE2 在浓度为 $100\mu g/L$ 时的光降解一级反应速率常数；Yoshihisa ohko 等[135]采用 TiO_2 悬浆反应器研究了 E2 的光降解情况，经 GC/MS 鉴定了降解中间产物，并推测了其反应机制。2003 年，吴峰[136]选择了 4 类共 9 种典型的内分泌干扰物，系统研究了它们在 Fe（Ⅲ） - 草酸盐配合物体系中的光降解效果，并分别用 GC/MS 和 LC - MS 分析，鉴定了其中一些重要的光降解产物，推测出这些内分泌干扰在 Fe（Ⅲ） - 草酸盐配合物体系中的光降解机理。2007 年，李青松等[137]研究了（E2）在纳米 TiO_2（Degussa P - 25）悬浆体系中的光催化降解，确定了其光降解过程符合一级反应动力学模型；另外还研究了其他三种甾体类雌激素内分泌干扰物 E1、E3 和 EE2 的降解情况，推测这四种甾体类雌激素由于具有相似的结构，降解产物和过程基本相同。2003 年，Sasai 等人[138]采用铜酞青（Copper – phthalocyanine）插入有机蒙脱土中作为光敏化剂制作有机蒙脱土/铜酞青混合物，开展了其降解壬基酚（Nonyl Phenol，NP）的实验。

光催化氧化技术也广泛用于其他废水的研究中。2007 年，徐高田等[139]采用自行设计的 TiO_2 光催化 – SBR 装置，对印染废水进行处理，确定了其最佳处理工况。2003 年李耀中等[140]设计了一种负载型 TiO_2 流化床光催化氧化中试处理系统，以高压汞灯为光源，选用难降解偶氮染料 4BS 和高分子化学浆料 CMC 配制的模拟印染废水为处理对象，考察了影响光催化降解效果的各种因素。

1.5.3　光催化氧化技术处理垃圾渗滤液的研究进展

近年来，许多研究者致力于光催化降解垃圾渗滤液的研究。2010 年，Zhao 等[141]以垃圾渗滤液生化出水为研究对象，在连续流反应器中，研究了光催化 – 电解联用技术对渗滤液的处理效果。结果表明，COD、TOC 和氨氮的处理效果分别可达 74.1%、41.6% 和 94.5%；紫外光谱和 GC/MS 分析表明，有机物被有效转化为小分子的酸，其他离子浓度也大幅度减低。2009 年，郑怀礼等[142]研究了太阳光 – Fenton 联用技术对垃圾渗滤液的处理，考察了 Fe/H_2O_2、pH 等对色度和 UV_{254} 的去除。结果表明，光 – Fenton 可以有效去除渗滤液中的有机物。Abdul 等[143]比较了 Fenton、TiO_2 光催化、生物处理这三种方法分别与活性炭吸附联用对渗滤液的处理效果，结果表明，Fenton 试剂 – 活性炭联用技术降解速率快于其他两种技术。2006 年，Wiszniowski 等[144]研究了 TiO_2 光催化氧化对生物处理后垃圾渗滤液的深度处理。结果表明，生物处理后的流出液中 COD 和 TOC 分别为 500mg/L 和 300mg/L，属于不能生物降解的有机物；流出液经过 300min 的

UV/TiO$_2$ 的光催化处理后，80% 的残余难降解有机物被去除。另外，还讨论了 UV/TiO$_2$ 光催化处理作为预处理技术对渗滤液可生化性的影响，表明 UV/TiO$_2$ 光催化处理可以大大提高渗滤液的可生化性。2005 年，De Morais 等[145]研究了各种高级氧化技术作为预处理方式对成熟垃圾渗滤液可生化性的改善，结果表明，光 – Fenton 体系和 H$_2$O$_2$/UV 体系对 COD、TOC 和色度的去除效果都很好，预处理后渗滤液可生化性由 0.13 提高到 0.37 或 0.42，使渗滤液适于后续生物处理。2004 年，Wiszniowski 等[95]把腐殖酸作为成熟垃圾渗滤液模拟有机物，研究了无机盐类对太阳光光催化技术降解垃圾渗滤液中难降解有机物的影响，结果表明，处理后提高了渗滤液的可生化性；在无机离子的存在下光催化降解模型不符合 Langumir – Hinshelwood kinetics 动力学模型。同年，Cho 等[146]还研究证实光催化降解垃圾渗滤液过程中，溶解氧是衡量光催化反应的重要指标，也是实际控制光催化反应器的技术指标。目前，很多研究采用光催化氧化与其他技术的联用来处理垃圾渗滤液，或把光催化氧化用于垃圾渗滤液的深度处理。2002 年，Wang 等[147]将絮凝 – 光氧化法用于垃圾渗滤液的处理研究表明，对于用 FeCl$_3$ · 6H$_2$O 絮凝后的渗滤液，pH 为 3 ~ 8 时，光催化处理效果随 pH 的降低而升高。同年，Cho 等[148]以 TiO$_2$ 为催化剂，研究了无机物对光催化处理垃圾渗滤液的降解效果影响。结果表明，酸性条件下无机物浓度越低光催化去除效果越好，可见无机物可能阻碍光催化氧化反应，但对氨氮的去除则是在碱性环境中效果较好。早在 1996 年，Bekbolet 等[149]就采用固定膜 TiO$_2$ 光催化反应器比较了两种不同的 TiO$_2$ 光催化剂对生物处理后垃圾渗滤液的处理效果。结果表明，Hombikat UV100 TiO$_2$ 光催化剂对 TOC 的最高去除率达 70%，并且在 pH = 5 时的处理效果最好，与其最大吸附量时的 pH 一致。

综合以上文献可以看出，目前光催化氧化处理垃圾渗滤液的研究主要集中在：①光催化氧化技术或其与其他处理技术的联用对垃圾渗滤液处理的研究；②光催化氧化作为预处理技术对垃圾渗滤液可生化性提高的研究；③光催化氧化对垃圾渗滤液的深度处理研究。以上研究的考察指标主要集中于 TOC、COD、BOD、BOD/COD、氨氮及色度等常规指标，而对光催化处理垃圾渗滤液 DOM 的转化规律和机理还缺乏系统研究。

1.6 TiO_2 多相光催化氧化机理

目前，国内外研究者就半导体光催化诸多方面的问题开展了深入地研究，如半导体光催化矿化各种有机物的机理、水中和气相中各种污染物光催化降解动力学等。关于光催化反应机理公认的观点是半导体电子-空穴理论（$e^- - h^+$），迁移到半导体表面的电子和空穴以及进一步生成的各种活性物种参与物质的氧化和还原过程。

光催化氧化还原以 N 型半导体为催化剂，已经研究的 N 型半导体包括 TiO_2、ZnO、CdS、Fe_2O_3、SnO_2、WO_3 和 ZnS 等。TiO_2 由于化学性质和光化学性质均十分稳定，且无毒价廉，催化活性高、氧化能力强最为常用。半导体粒子与金属相比，能带是不连续的。半导体的能带结构通常由一个充满电子的低能价带（Valent Band，VB）和一个空的高能导带（Conduction Band，CB）构成，价带和导带之间存在一个区域为禁带，区域的大小通常称为禁带宽度。当一个电子从价带激发到导带时，在导带上产生带负电的高活性电子（e^-），在价带上留下带正电荷的空穴（h^+），这样就形成电子-空穴对（$e^- - h^+$）（见图 1-1）。一般半导体的禁带宽度小于 3eV，TiO_2 的禁带宽度为 3.2eV，光催化所需相应入射光最大波长为 387.5nm。当 $\lambda \leqslant 387.5nm$ 的光辐射

照射 TiO_2 时，处于价带的电子被激发跃迁到导带，生成高活性电子，在价带上产生带正电荷的空穴，即生成电子 – 空穴对（e^- – h^+），并在电场作用下分离并向粒子表面迁移。

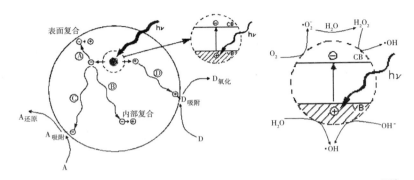

图 1 – 1　TiO_2 光催化剂表面·OH 自由基生成及电子和空穴的活动示意[150]

光催化剂氧化还原机理主要包括催化剂受光照射、吸收光能、发生电子跃迁、生成电子 – 空穴对（e^- – h^+）、对吸附于表面的污染物、直接进行氧化还原或氧化表面吸附的羟基 OH^-，生成强氧化性的羟基自由基·OH 将污染物氧化。生成的·OH 自由基能氧化大多数的有机污染物及部分无机污染物，能将其最终降解为 CO_2、H_2O 和还原产物等无害物质。而且·OH 自由基对反应物几乎无选择性，因而在光催化氧化中起着决定性的作用。光生空穴有很强的得电子能力，可夺去吸附在半导体颗粒表面有机物和溶剂中的电子，使原本不吸收光的物质被活化氧化。一般认为，高活性的羟基自由基氧化是光催化氧化反应的主要机制。其他高活性自由基主要包括 e^-、h^+、H_2O 或·OH、O_2^-、HO_2、H_2O_2 等，在这诸多氧化性物质共存的反应体系中，由于催化剂的表面有大量的羟基存在，因此在液相条件下光催化反应主要通过羟基自由基反应降解有机污染物。光催化过程通过自由基链式反

应，会生成一系列具有强烈氧化还原作用的自由基，其产生过程
如下[151,152]：

$$TiO_2 + hv \rightarrow TiO_2 + e^- + h^+ \qquad (1-1)$$

$$O_2 + e^- \rightarrow \cdot O_2{}^- \qquad (1-2)$$

$$H_2O + h^+ \rightarrow \cdot OH + H^+ \qquad (1-3)$$

$$OH^- + h^+ \rightarrow \cdot OH \qquad (1-4)$$

$$\cdot O_2{}^- + h^+ \rightarrow \cdot HO_2 \qquad (1-5)$$

$$HO_2 + HO_2 \rightarrow H_2O_2 + O_2 \qquad (1-6)$$

$$O_2{}^- + HO_2 \rightarrow HO_2{}^- + O_2 \qquad (1-7)$$

$$HO_2{}^- + O_2 \rightarrow H_2O_2 + O_2 \qquad (1-8)$$

$$H_2O_2 + e^- \rightarrow \cdot OH + OH^- \qquad (1-9)$$

$$H_2O_2 + O_2{}^- \rightarrow \cdot OH + OH^- + O_2 \qquad (1-10)$$

$$H_2O_2 + hv \rightarrow 2 \cdot OH \qquad (1-11)$$

$$H_2O_2 \rightarrow \cdot O_2{}^- + 2H^+ \qquad (1-12)$$

光催化氧化反应的机理已经形成共识，即半导体光催化剂在
紫外光照射条件下，产生电子 – 空穴，吸附在光催化剂表面的氧
俘获电子形成 $O_2{}^-$，继而生成 $\cdot OH$，而空穴则将吸附在催化剂表
面的 OH^- 和 H_2O 氧化成 $\cdot OH$。这种氢氧自由基的氧化能力很强，
可以氧化大多数有机物，最终使它们转变为二氧化碳、水及无机
盐等，使有机污染物无害化。最常见的反应表达式为：

$$\cdot OH + O_2 + Organic \rightarrow H_2O + CO_2 + 其他 \qquad (1-13)$$

1.7 垃圾渗滤液处理研究存在的问题

目前，各种高级氧化技术对垃圾渗滤液的处理研究越来越受
到重视。但这些研究大多数尚处于实验室阶段，还没有形成完整
的理论和能较好应用于实际的处理工艺。对于性能复杂的渗滤液

处理，还存在诸多亟待充实和完善的问题，主要集中在以下几个方面。

1）对垃圾渗滤液组成结构及 DOM 组分特性的认识需要充实。垃圾渗滤液的组成极其复杂，通常含有大量的有机污染物（主要指 DOM）、高含量的总溶解性固体污染物、高浓度的含氮化合物以及各种金属离子。垃圾渗滤液中的有机污染物一般分为低分子量脂肪酸类、高分子腐殖质类以及中等分子量的灰黄霉酸类等，部分属于可疑致癌物、促癌物、辅助致癌物等有机污染物。而且，不同处理方式的垃圾所产生渗滤液的组成及特征存在很大差异。一般垃圾经过了较长时间的填埋、水解及发酵，随着填埋时间的延长渗滤液中挥发性脂肪酸会逐渐减少，而有较多芳香族羧基的中等分子的灰黄霉酸类物质的比重会相对增大，难降解溶解性高分子腐殖质比例也会随之增加，导致其 BOD/COD 的值逐渐降低，可生化性越来越差。另外，由于垃圾渗滤液的复杂性和难降解性，某些难降解持久性有机物即使浓度很低时，也会对生态系统造成较大危害，因此需要把控制渗滤液处理效果的考察指标由常规指标拓展到分子水平。

2）需要进一步认识渗滤液中具体污染物与 DOM 的相互作用，特别是污水处理过程中难降解有机物及重金属与 DOM 的相互作用。众多研究表明，达标排放的污水中仍然含有很多持久性难降解有机污染物和重金属，而这些物质即使在含量极低时也会污染环境，对生态系统造成巨大潜在危害。对渗滤液处理过程和出水中 DOM 进行官能团和结构的分析，可以有效监控这些痕量污染物的处理状况，有助于深入探讨污染物的转化途径及反应机理，为改善水处理工艺提供理论依据。

3）开发合理有效实用的垃圾渗滤液光催化氧化处理方法势在必行。国内外已经对垃圾渗滤液的处理方法、原理以及工艺开展了大量研究，但由于自身的缺陷，传统的生化法、简单物化法等对垃圾渗滤液很难达到满意的处理效果，甚至无法达到排放标准的最低要求，尤其是对于毒性较大的难降解有机物，生物法更是难以降解。由于垃圾渗滤液本身的多样性与复杂性，要实现对渗滤液的有效处理，需要针对渗滤液本身的组成及结构特点选择合理的处理方法。高级氧化技术如光化学氧化、催化湿式氧化、Fenion 试剂氧化等对于这类废水具有较好处理效果，但同时也存在对处理条件要求苛刻、受色度及悬浮物浓度等条件影响较大等问题。现在有很多学者致力于高级氧化技术处理垃圾渗滤液的研究，但是对其理论和作用机理认识的欠缺，制约着进一步的实际应用发展。

4）需要加强光催化氧化技术处理渗滤液的反应历程及反应动力学特征的研究。研究渗滤液污染物高级氧化降解的动力学特征，建立反应的动力学预测模型不仅有助于进一步寻找最佳反应条件，提高降解效率而且有助于探明其降解反应机理，同时根据动力学方程和有关参数，可以为预测模拟实际应用提供依据。

5）需要进一步充实垃圾渗滤液处理的微观机理研究。对渗滤液中物质结构变化的微观分析及成分解析可以清楚的认识其污染物的构成及结构特征，探明其在不同处理工艺过程中的化学反应历程，促进处理条件的优化及反应机理的研究。

1.8 本书的研究内容与技术路线

1.8.1 研究内容

本书以武汉市二妃山垃圾卫生填埋场渗滤液为研究对象，在对渗滤液水样进行全面分析测试和评价的基础上，运用紫外光谱、红外光谱、凝胶色谱、荧光光谱以及 GC/MS 等分析技术，通过 XAD－8 树脂串联阴阳离子交换树脂提取分离，表征垃圾渗滤液中 DOM 不同组分的分布特征；讨论影响 UV/TiO$_2$ 光催化氧化技术处理垃圾渗滤液的主要因素及去除效能。在此基础上，分析光催化氧化处理过程中垃圾渗滤液 DOM 不同组分变化特征以及有机物种类和数量的变化特征，解析光催化氧化过程中 DOM 的化学结构变化特点，以及 DOM 内分子构型和各种官能团的变化情况，从物质结构的角度阐述了 DOM 的光催化转化过程，探讨光催化处理前后渗滤液宏量指标变化的微观机理；分析光催化降解垃圾渗滤液中 DOM 不同组分的降解途径，建立光催化氧化处理复杂体系有机物的多变量预测模型，充实光催化氧化基本理论。本书具体研究内容主要有以下四个部分。

1. 解析垃圾渗滤液中溶解性有机物的污染特征

1）通过分析垃圾渗滤液基本理化性质，阐明其组分特征、污染特性及危害。

2）采用液液萃取方法以及 GC/MS 分析技术，鉴定垃圾渗滤液中有机物的种类、数量和相对含量，揭示渗滤液有机物的主要组成。

3）采用 XAD - 8 树脂串联阴阳离子交换树脂，提取分离渗滤液 6 种不同 DOM 组分：憎水碱（HOB）、憎水中性（HON）、憎水酸（HOA）、亲水酸（HIA）、亲水碱（HIB）和亲水中性（HIN），分析渗滤液 DOM 组分的含量分布特征。

4）通过对 DOM 各组分的 GC/MS、UV - VIS、FTIR、荧光光谱、分子量分布特征的分析，解析垃圾渗滤液中 DOM 的组分特性。

2. 讨论光催化氧化处理垃圾渗滤液的主要影响因素及降解机制

采用自制三相悬浮光催化氧化反应器，进行实际垃圾渗滤液的光催化处理，处理效果的评价指标包括 BOD、COD、TOC、

BOD/COD 以及色度等。具体内容包括：

1）优化 UV/TiO$_2$ 光催化降解垃圾渗滤液的处理条件。通过分析光催化氧化过程中渗滤液色度、COD、TOC、BOD 及 BOD/COD 等指标的去除效果，考察辐射时间、曝气量、TiO$_2$ 投加量、pH 等对光催化降解效果的影响，优化处理条件，探讨光催化氧化过程中渗滤液可生化性的变化规律。

2）光催化氧化处理垃圾渗滤液的动力学特征分析。拟合不同处理条件下光催化氧化处理垃圾渗滤液的动力学模型，计算反应速率常数和半衰期，分析反应动力学特征。

3）通过 GC/MS 技术分析光催化处理垃圾渗滤液过程中，有机物种类和含量的变化特征，探讨光催化氧化过程中渗滤液有机物的转化规律。

3. 讨论光催化氧化降解垃圾渗滤液过程中溶解性有机物的转化规律

1）分析垃圾渗滤液及其不同时间光催化处理液中 DOM 不同组分的含量变化规律。

2）垃圾渗滤液及光不同时间催化处理液中 DOM 不同组分的光谱学分析，包括紫外光谱和红外光谱及荧光光谱分析。

3）垃圾渗滤液及光催化处理液中 DOM 的分子量分级分析。

4）垃圾渗滤液及光催化处理液中 DOM 的 GC/MS 分析。

综合以上分析技术的实验结果，解析光催化氧化处理过程中 DOM 不同组分结构特征和官能团变化规律，分析渗滤液 DOM 的光催化转化机制。

1.8.2　技术路线

本书研究技术路线如图 1-2 所示。

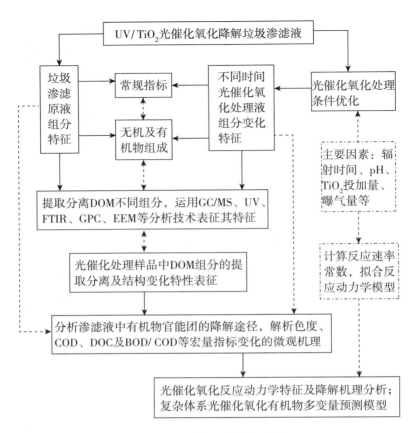

图 1-2　本书研究技术路线

参考文献

[1] Amon RMW, Benner R. Rapid-Cycling of High-Molecular Weight Dissolved Organic-Matter in the Ocean [J]. Nature, 1994, 369 (6481): 549-552.

[2] Benner R, Pakulski JD, Mccarthy M, Hedges JI, Hatcher PG. Bulk Chemical Characteristics of Dissolved Organic-Matter in the Ocean [J]. Science, 1992, 255 (5051): 1561-1564.

［3］ Caricasole P, Provenzano MR, Hatcher PG, Senesi N. Chemical characteristics of dissolved organic matter during composting of different organic wastes assessed by C – 13 CPMAS NMR spectroscopy ［J］. Bioresource Technology, 2010, 101 （21）: 8232 – 8236.

［4］ Gueguen C, Guo LD, Wang D, Tanaka N, Hung CC. Chemical characteristics and origin of dissolved organic matter in the Yukon River ［J］. Biogeochemistry, 2006, 77 （2）: 139 – 155.

［5］ Leenheer J A, Croue J P. Characterizing aquatic dissolved organic matter ［J］. Environmental Science & Technology, 2003, 37 （1）: 18a – 26a.

［6］ Wu J, Zhang H, Shao L M, He P J. Fluorescent characteristics and metal binding properties of individual molecular weight fractions in municipal solid waste leachate ［J］. Environmental Pollution, 2012, 162 （5）: 63 – 71.

［7］ Xu H, Yu G, Yang L, Jiang H. Combination of two-dimensional correlation spectroscopy and parallel factor analysis to characterize the binding of heavy metals with DOM in lake sediments ［J］. Journal of Hazardous Material, 2013s （263）, 412 – 421.

［8］ Sadmani A H M A, Andrews R C, Bagley D M. Nanofiltration of pharmaceutically active and endocrine disrupting compounds as a function of compound interactions with DOM fractions and cations in natural water ［J］. Separation and Purification Technology, 2014, 122 （11）, 462 – 471.

［9］ Lee J, Cho J, Kim SH, Kim SD. Influence of 17 ［beta］ - estradiol binding by dissolved organic matter isolated from wastewater effluent on estrogenic activity ［J］. Ecotoxicology and Environmental Safety, 2011, 74 （5）, 1280 – 1287.

［10］Hernandez-Ruiz S, Abrell L, Wickramasekara S, Chefetz

B, Chorover J. Quantifying PPCP interaction with dissolved organic matter in aqueous solution: Combined use of fluorescence quenching and tandem mass spectrometry [J]. Water Research, 2012, 46 (4), 943 – 954.

[11] Xu H, Cooper W J, Jung J, Song W. Photosensitized degradation of amoxicillin in natural organic matter isolate solutions [J]. Water Research, 2011, 45 (2), 632 – 638.

[12] Lerman I, Chen Y, Xing B, Chefetz B. Adsorption of carbamazepine by carbon nanotubes: Effects of DOM introduction and competition with phenanthrene and bisphenol A [J]. Environmental Pollution, 2013, 182 (6), 169 – 176.

[13] Jørgensen L, Stedmon CA, Kragh T, Markager S, Middelboe M, Søndergaard M. Global trends in the fluorescence characteristics and distribution of marine dissolved organic matter [J]. Marine Chemistry, 2011, 126 (1 – 4), 139 – 148.

[14] 陈蕾, 沈超峰, 陈英旭. 溶解性有机质与水生生物的直接相互作用研究进展 [J]. 湖泊科学, 2011, 23 (1), 1 – 8.

[15] Mendoza W G, Zika R G. On the temporal variation of DOM fluorescence on the southwest [J]. Florida continental shelf. Progress in Oceanography, 2014, 120 (2), 189 – 204.

[16] Cox L, Celis R, Hermosin M C, Cornejo J, Zsolnay A, Zeller K. Effect of organic amendments on herbicide sorption as related to the nature of the dissolved organic matter [J]. Environmental Science & Technology, 2000, 34 (21): 4600 – 4605.

[17] Yamamoto H, Liljestrand H M, Shimizu Y, Morita M. Effects of physical-chemical characteristics on the sorption of selected endocrine disrnptors by dissolved organic matter surrogates [J]. Environmental Science & Technology, 2003, 37 (12): 2646 – 2657.

［18］马爱军. 水溶性有机物和土壤胶体对草萘胺环境行为的影响［D］. 南京：南京农业大学，2005.

［19］张彩香，王焰新，祁士华，等. 垃圾渗滤液中溶解有机质与内分泌干扰物的吸附机理［J］. 地球科学（中国地质大学学报），2008（3）：399 - 404.

［20］Young K C, Docherty K M, Maurice P A, Bridgham S D. Degradation of surface-water dissolved organic matter: influences of DOM chemical characteristics and microbial populations［J］. Hydrobiologia, 2005（539）：1 - 11.

［21］Haitzer M, Hoss S, Traunspurger W, Steinberg C. Effects of dissolved organic matter（DOM）on the bioconcentration of organic chemicals in aquatic organisms—A review［J］. Chemosphere, 1998, 37（7）：1335 - 1362.

［22］Hassett J P, Milicic E. Determination of Equilibrium and Rate Constants for Binding of a Polychlorinated Biphenyl Congener by Dissolved Humic Substances［J］. Environmental Science & Technology, 1985, 19（7）：638 - 643.

［23］Chiou C T, Malcolm R L, Brinton T I, Kile D E. Water Solubility Enhancement of Some Organic Pollutants and Pesticides by Dissolved Humic and Fulvic-Acids［J］. Environmental Science & Technology, 1986, 20（5）：502 - 508.

［24］Nelson S D, Letey J, Farmer W J, Williams C F, Ben-Hur M. Facilitated transport of napropamide by dissolved organic matter in sewage sludge-amended soil［J］. J Environ Qual, 1998, 27（5）：1194 - 1200.

［25］Marschner B. Sorption of polycyclic aromatic hydrocarbons（PAH）and polychlorinated biphenyls（PCB）in soil［J］. J Plant Nutr Soil Sc, 1999, 162（1）：1 - 14.

［26］ Pedersen J A, Gabelich C J, Lin C H, Suffet I H. Aeration effects on the partitioning of a PCB to anoxic estuarine sediment pore water dissolved organic matter ［J］. Environmental Science & Technology, 1999, 33 （9）: 1388 – 1397.

［27］ Resendes J, Shiu W Y, Mackay D. Sensing the Fugacity of Hydrophobic Organic-Chemicals in Aqueous Systems ［J］. Environmental Science & Technology, 1992, 26 （12）: 2381 – 2387.

［28］ Williams C F, Letey J, Farmer W J, Nelson S D, Anderson M. Ben-Hur M: Efficiency of hexane extraction of napropamide from Aldrich humic acid and soil solutions ［J］. J Environ Qual, 1999, 28 （6）: 1751 – 1757.

［29］ Ling W, Xu J, Gao Y, Wang H. Influence of dissolved organic matter （DOM） on environmental behaviors of organic pollutants in soils ［J］. The Journal of Applied Ecology, 2004, 15 （2）: 326.

［30］ 黄泽春, 陈同斌, 雷梅. 陆地生态系统中水溶性有机质的环境效应 ［J］. 生态学报, 2002, 22 （2）: 259 – 269.

［31］ Ward M L, Bitton G, Townsend T. Heavy metal binding capacity （HMBC） of municipal solid waste landfill leachates ［J］. Chemosphere, 2005, 60 （2）: 206 – 215.

［32］ Lin C F, Lee D Y, Chen W T, Lo K S, Lin W Y. Determination of Stability Constant for the Dissolved Organic Matter/ Copper （Ii） Complex Using a Real-Time Full Spectra Fluorescence Spectrophotometer ［J］. Commun Soil Sci Plan, 1993, 24 （19 – 20）: 2585 – 2593.

［33］ Mccarthy J F, Williams T M, Liang L Y, Jardine P M, Jolley L W, Taylor D L, Palumbo A V, Cooper L W. Mobility of Natural Organic-Matter in a Sandy Aquifer ［J］. Environmental Science & Technology, 1993, 27 （4）: 667 – 676.

［34］ Lamy I, Bourgeois S, Bermond A. Soil Cadmium Mobility as a Consequence of Sewage-Sludge Disposal ［J］. J Environ Qual, 1993, 22 （4）: 731 – 737.

［35］ Chen J H, Lion L W, Ghiorse W C, Shuler M L. Mobilization of Adsorbed Cadmium and Lead in Aquifer Material by Bacterial Extracellular Polymers ［J］. Water Res, 1995, 29 （2）: 421 – 430.

［36］ Kalbitz K, Wennrich R. Mobilization of heavy metals and arsenic in polluted wetland soils and its dependence on dissolved organic matter ［J］. Sci Total Environ, 1998, 209 （1）: 27 – 39.

［37］ 庞会从, 高太忠, 余国山, 等. 垃圾渗滤液中溶解性有机物对土壤重金属吸附行为的影响 ［J］. 环境科学研究, 2010, 23 （2）: 215 – 221.

［38］ Bijaksana S, Huliselan E K. Magnetic properties and heavy metal content of sanitary leachate sludge in two landfill sites near Bandung, Indonesia ［J］. Environ Earth Sci, 2010, 60 （2）: 409 – 419.

［39］ 付美云, 周立祥. 垃圾渗滤液水溶性有机物对污染土壤中重金属 Pb 迁移性的影响 ［J］. 东华理工学院学报, 2006 （2）: 171 – 175.

［40］ Donald R G, Anderson D W, Stewart J W B. Potential Role of Dissolved Organic-Carbon in Phosphorus Transport in Forested Soils ［J］. Soil Sci Soc Am J, 1993, 57 （6）: 1611 – 1618.

［41］ Han N, Thompson M L. Copper-binding ability of dissolved organic matter derived from anaerobically digested biosolids ［J］. J Environ Qual, 1999, 28 （3）: 939 – 944.

［42］ 周永强, Fabris R B, Drikas M, 魏群山, 等. 溶解性有机物的快速表征技术及其应用 ［J］. 供水技术, 2007 （5）: 1 – 5.

［43］ Jordan R N, Yonge D R, Hathhorn W E. Enhanced mobility of Pb in the presence of dissolved natural organic matter ［J］. J Contam

Hydrol, 1997, 29（1）: 59 – 80.

［44］魏群山，王东升，余剑锋，等．水体溶解性有机物的化学分级表征：原理与方法［J］．环境污染治理技术与设备，2006（10）: 17 – 21, 82.

［45］He P J, Xue J F, Shao L M, Li G J, Lee D J. Dissolved organic matter（DOM）in recycled leachate of bioreactor landfill［J］. Water Res, 2006, 40（7）: 1465 – 1473.

［46］Kang K H, Shin H S, Park H. Characterization of humic substances present in landfill leachates with different landfill ages and its implications［J］. Water Res, 2002, 36（16）: 4023 – 4032.

［47］薛俊峰，何品晶，邵立明，等．渗滤液循环回灌厌氧填埋层前后的分类表征［J］．水处理技术，2005, 41（7）: 24 – 27.

［48］Xu Y D, Yue D B, Zhu Y, Nie Y F. Fractionation of dissolved organic matter in mature landfill leachate and its recycling by ultrafiltration and evaporation combined processes［J］. Chemosphere, 2006, 64（6）: 903 – 911.

［49］方芳，刘国强，郭劲松，等．垃圾渗滤液中溶解性有机质研究进展［J］．水处理技术，2009（4）: 4 – 8.

［50］Rodriguez J, Castrillon L, Maranon E, Sastre H, Fernandez E. Removal of non-biodegradable organic matter from landfill leachates by adsorption［J］. Water Res, 2004, 38（14 – 15）: 3297 – 3303.

［51］Christensen J B, Jensen D L, Gron C, Filip Z, Christensen T H. Characterization of the dissolved organic carbon in landfill leachate-polluted groundwater［J］. Water Res, 1998, 32（1）: 125 – 135.

［52］方芳，刘国强，郭劲松，等．渗滤液中 DOM 的表征及特性研究［J］．环境科学，2009（3）: 834 – 839.

［53］Artiolafortuny J, Fuller WH. Humic Substances in Landfill

Leachates . 1. Humic-Acid Extraction and Identification [J]. J Environ Qual, 1982, 11 (4): 663 – 669.

[54] 陈少华, 刘俊新. 垃圾渗滤液中有机物分子量的分布及在 MBR 系统中的变化 [J]. 环境化学, 2005, 24 (2): 153 – 157.

[55] Fan H J, Shu H Y, Yang H S, Chen W C. Characteristics of landfill leachates in central Taiwan [J]. Sci Total Environ, 2006, 361 (1 – 3): 25 – 37.

[56] 岳兰秀. 红枫湖、百花湖水中溶解有机物分子量分布特征及环境地球化学意义 [D]. 广州: 中国科学院研究生院（地球化学研究所）, 2004.

[57] Kalbitz K, Solinger S, Park J H, Michalzik B, Matzner E. Controls on the dynamics of dissolved organic matter in soils: A review [J]. Soil Sci, 2000, 165 (4): 277 – 304.

[58] McCarthy J F, Gu B, Liang L, MasPla J, Williams T M, Yeh T C J. Field tracer tests on the mobility of natural organic matter in a sandy aquifer [J]. Water Resour Res, 1996, 32 (5): 1223 – 1238.

[59] Homann P S, Grigal D F. Molecular-Weight Distribution of Soluble Organics from Laboratory-Manipulated Surface Soils [J]. Soil Sci Soc Am J, 1992, 56 (4): 1305 – 1310.

[60] Cabaniss S E, Zhou Q H, Maurice P A, Chin Y P, Aiken G R. A log-normal distribution model for the molecular weight of aquatic fulvic acids [J]. Environmental Science & Technology, 2000, 34 (6): 1103 – 1109.

[61] 刘静, 王劭然, 闫鹏飞. 矿化垃圾处理后渗滤液中有机物的相对分子量分布 [J]. 青岛理工大学学报, 2009, 30 (6): 79 – 82.

[62] 何品晶, 冯军会, 瞿贤, 等. 生活垃圾焚烧厂贮坑沥滤

液的污染与可处理特性 [J]. 环境科学研究, 2006 (2): 86 – 89.

[63] Calace N, Liberatori A, Petronio BM, Pietroletti M. Characteristics of different molecular weight fractions of organic matter in landfill leachate and their role in soil sorption of heavy metals [J]. Environ Pollut, 2001, 113 (3): 331 – 339.

[64] Chen S H, Liu J X. Landfill leachate treatment by MBR: Performance and molecular weight distribution of organic contaminant [J]. Chinese Sci Bull, 2006, 51 (23): 2831 – 2838.

[65] 薛爽. 土壤含水层处理技术去除二级出水中溶解性有机物 [D]. 哈尔滨: 哈尔滨工业大学, 2008.

[66] Nanny M A, Ratasuk N. Characterization and comparison of hydrophobic neutral and hydrophobic acid dissolved organic carbon isolated from three municipal landfill leachates [J]. Water Res, 2002, 36 (6): 1572 – 1584.

[67] 张军政, 杨谦, 席北斗, 等. 垃圾填埋渗滤液溶解性有机物组分的光谱学特性研究 [J]. 光谱学与光谱分析, 2008 (11): 2583 – 2587.

[68] 李鸿江, 赵由才, 柴晓利, 等. 矿化垃圾反应床处理垃圾渗滤液出水中的水溶性有机物 [J]. 环境污染与防治, 2008 (11): 4 – 8.

[69] Magee B R, Lion L W, Lemley A T. Transport of Dissolved Organic Macromolecules and Their Effect on the Transport of Phenanthrene in Porous-Media [J]. Environmental Science & Technology, 1991, 25 (2): 323 – 331.

[70] 傅平青. 水环境中的溶解有机质及其与金属离子的相互作用——荧光光谱学研究 [D]. 广州: 中国科学院研究生院 (地球化学研究所), 2004.

[71] 韩宇超, 郭卫东. 九龙江河口有色溶解有机物的三维

荧光光谱特征 [J]. 环境科学学报, 2009 (3): 641 – 647.

[72] Yamashita Y, Tanoue E. Chemical characterization of protein-like fluorophores in DOM in relation to aromatic amino acids [J]. Mar Chem, 2003, 82 (3 – 4): 255 – 271.

[73] Stedmon C A, Markager S, Bro R. Tracing dissolved organic matter in aquatic environments using a new approach to fluorescence spectroscopy [J]. Mar Chem, 2003, 82 (3 – 4): 239 – 254.

[74] Baker A: Fluorescence excitation-Emission matrix characterization of river waters impacted by a tissue mill effluent [J]. Environmental Science & Technology, 2002, 36 (7): 1377 – 1382.

[75] Chen W, Westerhoff P, Leenheer J A, Booksh K. Fluorescence Excitation-Emission Matrix Regional Integration to Quantify Spectra for Dissolved Organic Matter [J]. Environmental Science & Technology, 2003, 37 (24): 5701 – 5710.

[76] 席北斗, 魏自民, 赵越, 等. 垃圾渗滤液水溶性有机物荧光谱特性研究 [J]. 光谱学与光谱分析, 2008 (11): 2605 – 2608.

[77] 赵越, 何小松, 席北斗, 等. 介质 pH 对渗滤液中水溶性有机物荧光光谱特性的影响 [J]. 光谱学与光谱分析, 2010 (2): 382 – 386.

[78] 叶少帆, 吴志超, 王志伟, 王盼. Fenton 法处理垃圾渗滤液过程中有机物分子质量分布和荧光特性 [J]. 环境科学研究, 2010, 23 (8): 1049 – 1054.

[79] 宋建刚, 岳东北, 聂永丰, 陈琦. 717 树脂吸附渗滤液中有机物的荧光特性研究 [J]. 光谱学与光谱分析, 2010, 30 (12): 3264 – 3267.

[80] 何小松, 刘晓宇, 魏东, 等. 荧光光谱研究垃圾堆场渗滤液水溶性有机物与汞作用 [J]. 光谱学与光谱分析, 2009

(8)：2204－2207.

［81］吉芳英，谢志刚，黄鹤，等．垃圾渗滤液处理工艺中有机污染物的三维荧光光谱［J］．环境工程学报，2009，3（10）：1783－1788.

［82］Lu F，Chang C H，Lee D J，He P J，Shao L M，Su A. Dissolved organic matter with multi-peak fluorophores in landfill leachate［J］. Chemosphere，2009，74（4）：575－582.

［83］Le Coupannec F，Morin D，Sire O，Peron J J. Characterization of dissolved organic matter（DOM）in landfill leachates using fluorescence excitation-emission matrix［J］. Environ Technol，2000，21（5）：515－524.

［84］刘军，鲍林发，汪苹．运用 GC－MS 联用技术对垃圾渗滤液中有机污染物成分的分析［J］．环境污染治理技术与设备，2003，4（8）：31－33.

［85］杨志泉，周少奇．广州大田山垃圾填埋场渗滤液有害成分的检测分析［J］．化工学报，2005（11）：2183－2188.

［86］刘田，孙卫玲，倪晋仁，等．GC－MS 法测定垃圾填埋场渗滤液中的有机污染物［J］．四川环境，2007（2）：1－5.

［87］张胜利，刘丹．有机污染物对垃圾渗滤液可生化性的影响［J］．工业水处理，2009，29（12）：16－19.

［88］Banar M，Ozkan A，Kurkcuoglu M. Characterization of the leachate in an urban landfill by physicochemical analysis and Solid Phase Microextraction-GC/MS［J］. Environ Monit Assess，2006，121（1－3）：439－459.

［89］Menendez J C F，Sanchez M L F，Martinez E F，Uria J E S，Sanz-Medel A. Static headspace versus head space solid-phase microextraction（HS-SPME）for the determination of volatile organochlorine compounds in landfill leachates by gas chromatography［J］. Talanta，

2004, 63 (4): 809 – 814.

[90] Li H S, Liu L, Zhang R, Dong D M, Liu H L, Li Y. Application of catalytic wet air oxidation to treatment of landfill leachate on Co/Bi catalyst [J]. Chem Res Chinese U, 2004, 20 (6): 711 – 716.

[91] Saba A, Pucci S, Raffaelli A, Salvadori P. Studies of the composition of distillates from leachate by gas chromatography mass spectrometry coupled to solid-phase microextraction [J]. Rapid Commun Mass Sp, 1999, 13 (10): 966 – 970.

[92] Benfenati E, Pierucci P, Fanelli R, Preiss A, Godejohann M, Astratov M, Levsen K, Barcelo D. Comparative studies of the leachate of an industrial landfill by gas chromatography mass spectrometry, liquid chromatography nuclear magnetic resonance and liquid chromatography mass spectrometry [J]. J Chromatogr A, 1999, 831 (2): 243 – 256.

[93] Gobbels F J, Puttmann W. Structural investigation of isolated aquatic fulvic and humic acids in seepage water of waste deposits by pyrolysis gas chromatography mass spectrometry [J]. Water Res, 1997, 31 (7): 1609 – 1618.

[94] Kim Y K, Huh I R. Enhancing biological treatability of landfill leachate by chemical oxidation [J]. Environ Eng Sci, 1997, 14 (1): 73 – 79.

[95] Wiszniowski J, Robert D, Surmacz-Gorska J, Miksch K, Malato S, Weber JV. Solar photocatalytic degradation of humic acids as a model of organic compounds of landfill leachate in pilot-plant experiments: Influence of inorganic salts [J]. Appl Catal B-Environ, 2004, 53 (2): 127 – 137.

[96] Zhang H Z, Fang S M, Song Q Y, Wang D Z. Study on

the application of absorption spectrum to the treatment of landfill leachate by membrane technology [J]. Spectrosc Spect Anal, 2006, 26 (8): 1449 – 1453.

[97] Zhang L, Li A M, Lu Y F, Yan L, Zhong S, Deng C L. Characterization and removal of dissolved organic matter (DOM) from landfill leachate rejected by nanofiltration [J]. Waste Manage, 2009, 29 (3): 1035 – 1040.

[98] Song L Y, Zhao Y C, Sun W M, Lou Z Y. Hydrophobic organic chemicals (HOCs) removal from biologically treated landfill leachate by powder-activated carbon (PAC), granular-activated carbon (GAC) and biomimetic fat cell (BFC) [J]. J Hazard Mater, 2009, 163 (2 – 3): 1084 – 1089.

[99] Bu L, Wang K, Zhao Q L, Wei L L, Zhang J, Yang J C. Characterization of dissolved organic matter during landfill leachate treatment by sequencing batch reactor, aeration corrosive cell-Fenton, and granular activated carbon in series [J]. J Hazard Mater, 2010, 179 (1 – 3): 1096 – 1105.

[100] 刘智萍, 郭劲松, 姜佩言, 等. Fenton 对渗滤液中 DOM 及其组分的去除特性研究 [J]. 水处理技术, 2010 (2): 64 – 67.

[101] 林于廉. 微波催化氧化技术处理垃圾渗滤液的试验研究 [D]. 重庆: 重庆大学, 2009.

[102] 王健. 催化湿式氧化降解垃圾渗滤液模拟废水的研究 [D]. 长春: 吉林大学, 2008.

[103] 刘卫华. 催化臭氧去除垃圾渗滤液中 DEHP 及高浓度腐殖质的机理研究 [D]. 天津: 天津大学, 2007.

[104] 丁湛. 垃圾渗滤液组分特性分析及微波高级氧化处理研究 [D]. 西安: 长安大学, 2009.

［105］ Cao S L, Chen G H, Hu X J, Yue P L. Catalytic wet air oxidation of wastewater containing ammonia and phenol over activated carbon supported Pt catalysts ［J］. Catal Today, 2003, 88（1 - 2）: 37 - 47.

［106］ 李鱼, 张荣, 李海生, 等. Co/Bi 催化剂催化湿法氧化降解垃圾渗滤液中的氨氮 ［J］. 高等学校化学学报, 2005, 26（3）: 430 - 435.

［107］ Gonze E, Commenges N, Gonthier Y, Bernis A. High frequency ultrasound as a pre- or a post-oxidation for paper mill wastewaters and landfill leachate treatment ［J］. Chem Eng J, 2003, 92（1 - 3）: 215 - 225.

［108］ 晏飞来, 李静, 肖广全, 等. 超声波 - TiO$_2$ 光催化联合处理垃圾渗滤液 ［J］. 环境工程学报, 2010（2）: 383 - 386.

［109］ Moraes PB, Bertazzoli R. Electrodegradation of landfill leachate in a flow electrochemical reactor ［J］. Chemosphere, 2005, 58（1）: 41 - 46.

［110］ 李庭刚, 李秀芬, 陈坚. 渗滤液中有机化合物在电化学氧化和厌氧生物联合系统中的降解 ［J］. 环境科学, 2004, 25（5）: 172 - 176.

［111］ 陈卫国. 电催化系统 - 电生物炭接触氧化床处理垃圾渗沥液 ［J］. 中国环境科学, 2002, 22（2）: 2146 - 2149.

［112］ Lopez A, Pagano M, Volpe A, Di Pinto AC. Fenton's pre-treatment of mature landfill leachate ［J］. Chemosphere, 2004, 54（7）: 1005 - 1010.

［113］ 赵庆良, 张静, 卜琳. Fenton 深度处理渗滤液时 DOM 结构变化 ［J］. 哈尔滨工业大学学报, 2010, 42（6）: 977 - 981.

［114］ 吴彦瑜, 覃芳慧, 赖杨兰, 等. Fenton 试剂对垃圾渗滤液中腐殖酸的去除特性 ［J］. 环境科学研究, 2010, 23（1）:

94 – 99.

[115] 杨运平, 唐金晶, 方芳, 等. UV/TiO$_2$/Fenton 光催化氧化垃圾渗滤液的研究 [J]. 中国给水排水, 2006, 22 (7): 34 – 38.

[116] 潘云霞, 郑怀礼, 潘云峰. 太阳光 Fenton 法处理垃圾渗滤液中有机污染物 [J]. 环境工程学报, 2009, 3 (12): 2159 – 2162.

[117] Monje-Ramirez I, de Velasquez MTO. Removal and transformation of recalcitrant organic matter from stabilized saline landfill leachates by coagulation-ozonation coupling processes [J]. Water Res, 2004, 38 (9): 2359 – 2367.

[118] 王利平, 汪亚奇, 胡德飞, 等. 催化臭氧氧化预处理垃圾渗滤液 [J]. 环境科学与技术, 2009, 32 (11): 160 – 162, 205.

[119] 潘留明, 季民, 王苗苗. 臭氧强化光催化对垃圾渗滤液的深度处理 [J]. 环境工程学报, 2008, 2 (5): 660 – 663.

[120] Fujishima A, Honda K. Electrochemical Photolysis of Water at a Semiconductor Electrode [J]. Nature, 1972, 238 (5358): 37 – 38.

[121] Coleman H M, Eggins B R, Byrne J A, Palmer F L, King E. Photocatalytic degradation of 17-beta-oestradiol on immobilised TiO$_2$ [J]. Appl Catal B-Environ, 2000, 24 (1): L1 – L5.

[122] Horikoshi S, Satou Y, Hidaka H, Serpone N. Enhanced photocurrent generation and photooxidation of benzene sulfonate in a continuous flow reactor using hybrid TiO$_2$ thin films immobilized on OTE electrodes [J]. J Photoch Photobio A, 2001, 146 (1 – 2): 109 – 119.

[123] Pruden A L, Ollis D F. Degradation of Chloroform by

Photoassisted Heterogeneous Catalysis in Dilute Aqueous Suspensions of Titanium-Dioxide [J]. Environmental Science & Technology, 1983, 17 (10): 628 –631.

[124] Mukherjee P S, Ray A K. Major challenges in the design of a large-scale photocatalytic reactor for water treatment [J]. Chem Eng Technol, 1999, 22 (3): 253 –260.

[125] 李凡修. 超声/微波辅助制备纳米 TiO_2 及光催化性能研究 [D]. 武汉: 华中科技大学, 2008.

[126] 薛向东. 废水光催化处理特性及高效光催化反应器研究 [D]. 西安: 西安建筑科技大学, 2002.

[127] 莫金汉. 光催化降解室内有机化学污染物的若干重要机理问题研究 [D]. 北京: 清华大学, 2009.

[128] Legube B, Leitner N K V. Catalytic ozonation: a promising advanced oxidation technology for water treatment [J]. Catal Today, 1999, 53 (1): 61 –72.

[129] Lachheb H, Puzenat E, Houas A, Ksibi M, Elaloui E, Guillard C, Herrmann JM. Photocatalytic degradation of various types of dyes (Alizarin S, Crocein Orange G, Methyl Red, Congo Red, Methylene Blue) in water by UV-irradiated titania [J]. Appl Catal B-Environ, 2002, 39 (1): 75 –90.

[130] Lee J M, Kim M S, Kim B W. Photodegradation of bisphenol-A with TiO_2 immobilized on the glass tubes including the UV light lamps [J]. Water Res, 2004, 38 (16): 3605 –3613.

[131] Zhang Y P, Zhou J L. Removal of estrone and 17 beta-estradiol from water by adsorption [J]. Water Res, 2005, 39 (16): 3991 –4003.

[132] Gao R X, Su X Q, He X W, Chen L X, Zhang Y K. Preparation and characterisation of core-shell CNTs@ MIPs nanocomposites

and selective removal of estrone from water samples ［J］. Talanta, 2011, 83 （3）: 757 – 764.

［133］杨洪生, 杨曦, 展漫军, 等. 双酚 A 在 Suwannee 富里酸溶液中的光解 ［J］. 环境科学, 2005, 4 （26）: 40 – 44.

［134］Tanizaki T, Kadokami K, Shinohara R. Catalytic photodegradation of endocrine disrupting chemicals using titanium dioxide photosemiconductor thin films ［J］. B Environ Contam Tox, 2002, 68 （5）: 732 – 739.

［135］Ohko Y, Iuchi K I, Niwa C, Tatsuma T, Nakashima T, Iguchi T, Kubota Y, Fujishima A. 17 beta-estrodial degradation by TiO_2 photocatalysis as means of reducing estrogenic activity ［J］. Environmental Science & Technology, 2002, 36 （19）: 4175 – 4181.

［136］吴峰. 环境内分泌干扰物在铁 – 草酸盐配合物体系中的光降解研究 ［D］. 武汉: 武汉大学, 2003.

［137］李青松. 水中甾体类雌激素内分泌干扰物去除性能及降解机理研究 ［D］. 上海: 同济大学, 2007.

［138］Sasai R, Sugiyama D, Takahashi S, Tong Z W, Shichi T, Itoh H, Takagi K. The removal and photodecomposition of n-nonylphenol using hydrophobic clay incorporated with copper-phthalocyanine in aqueous media ［J］. J Photoch Photobio A, 2003, 155 （1 – 3）: 223 – 229.

［139］徐高田, 校华, 曾旭, 等. 纳米 TiO_2 光催化 – SBR 工艺处理印染废水的研究 ［J］. 环境科学学报, 2007, 27 （9）: 1444 – 1450.

［140］李耀中, 孔欣, 周岳溪, 等. 流化床光催化氧化处理印染废水中试研究 ［J］. 中国环境科学, 2003, 23 （3）: 7 – 11.

［141］Zhao X, Qu J H, Liu H J, Wang C X, Xiao S H, Liu R P, Liu P J, Lan H C, Hu C Z. Photoelectrochemical treatment of landfill leachate in a continuous flow reactor ［J］. Bioresource Technology, 2010, 101 （3）: 865 - 869.

［142］郑怀礼, 潘云霞, 李丹丹, 等. 光助 Fenton 法氧化垃圾渗滤液中有机物的研究 ［J］. 光谱学与光谱分析, 2009, 29 （6）: 1661 - 1664.

［143］ Abdul J M, Vigneswaran S, Shon H K, Nathaporn A, Kandasamy J. Comparison of granular activated carbon bio-sorption and advanced oxidation processes in the treatment of leachate effluent ［J］. Korean J Chem Eng, 2009, 26 （3）: 724 - 730.

［144］ Wiszniowski J, Robert-D, Surmacz Gorska J, Miksch K, Weber J V. Leachate detoxification by combination of biological and TiO_2-photocatalytic processes ［J］. Water Sci Technol, 2006, 53 （3）: 181 - 190.

［145］ De Morais J L, Zamora P P. Use of advanced oxidation processes to improve the biodegradability of mature landfill leachates ［J］. J Hazard Mater, 2005, 123 （1 - 3）: 181 - 186.

［146］ Cho S P, Hong S C, Hong S I. Study of the end point of photocatalytic degradation of landfill leachate containing refractory matter ［J］. Chem Eng J, 2004, 98 （3）: 245 - 253.

［147］ Wang Z P, Zhang Z, Lin Y J, Deng N S, Tao T, Zhuo K. Landfill leachate treatment by a coagulation-photooxidation process ［J］. J Hazard Mater, 2002, 95 （1 - 2）: 153 - 159.

［148］ Cho S P, Hong S C, Hong S I. Photocatalytic degradation of the landfill leachate containing refractory matters and nitrogen compounds ［J］. Appl Catal B-Environ, 2002, 39 （2）: 125 - 133.

［149］ Bekbolet M, Lindner M, Weichgrebe D, Bahnemann DW. Photocatalytic detoxification with the thin-film fixed-bed reactor （TFFBR）: Clean-up of highly polluted landfill effluents using a novel

TiO$_2$-photocatalyst [J]. Sol Energy, 1996, 56 (5): 455 –469.

[150] Linsebigler A L, Lu G Q, Yates J T. Photocatalysis on Tio$_2$ Surfaces - Principles, Mechanisms, and Selected Results [J]. Chem Rev, 1995, 95 (3): 735 –758.

[151] Su K M, Li Z H, Cheng B W, Liao K, Shen D X, Wang Y F. Studies on the carboxymethylation and methylation of bisphenol A with dimethyl carbonate over TiO$_2$/SBA – 15 [J]. J Mol Catal a-Chem, 2010, 315 (1): 60 –68.

[152] Liu W, Chen S F, Zhao W, Zhang S J. Study on the photocatalytic degradation of trichlorfon in suspension of titanium dioxide [J]. Desalination, 2009, 249 (3): 1288 –1293.

第二章 垃圾渗滤液中溶解性有机物的结构特征

DOM是一类成分复杂的非均质混合物，含有羧基、羟基、羰基、氨基和烷氧基等活性官能团，可以作为有机配位体与环境介质中的污染物发生离子交换、吸附、络合、螯合、凝絮、氧化还原等一系列物理化学作用，进而影响它们在环境中的形态、迁移转化和最终归宿[1]。DOM还是加氯消毒过程中形成消毒副产物的主要前驱体，由DOM衍生的许多消毒副产物对人体都具有致癌和致畸作用[2~4]。国内外对DOM的研究主要集中在饮用水源水、河流、湖泊、水库和海洋中。废水中DOM的存在可以从多方面影响水处理工艺的运行和施用，如混凝剂的投加、消毒剂的用量、生物处理的效果以及处理后排放水的生态环境效应等。因此目前对不同来源和不同环境介质中DOM，尤其是各种废水中DOM特性的研究受到越来越广泛的关注。

垃圾渗滤液作为一种特殊的高浓度有机废水，含有大量有机物、悬浮物、氨氮、重金属离子、致病菌以及某些致癌、促癌和辅助致癌物质等。其中最活跃的有机成分是DOM，约占渗滤液中总有机物的85%，包括富里酸、腐殖酸和芳香族等多种传统污水处理工艺难以完全降解的有机物，对渗滤液中有机和无机化合物的形态、迁移转化和最终归宿以及处理工艺的选择和处理效果等有重要影响。很多资料表明[5,6]，不同区域、不同填埋时间、不同填埋方式以及不同来源的渗滤液中DOM组成差别很大。研究垃圾渗滤液中 DOM 不同组分结构性质特征，对于反映填埋场的稳定化程度和选择合适的渗滤液处理工艺具有指导作用，并且有助于进一步了解废水和水处理过程中 DOM 的化学行为特性，优化水处理工艺，同时对提高处理效率和消除处理过程中的二次污染具有重要意义[7]。垃圾渗滤液的理化性质是渗滤液中各种污染物（颗粒态与溶解态）相互综合的宏观体现，是其处理条件及处理方法选择的重要影响因素。渗滤液的化学特征可以反映填埋场垃圾的生物地球化学过程，以及渗滤液污染物在土壤和含水层中的迁移转化特征。由于垃圾渗滤液中含有大量持久性难降解有机物，因此在选择处理方法和工艺时，通常首先考虑的是渗滤液的 COD_{Cr} 负荷和可生化程度（BOD_5/COD_{Cr}）[8]。国外对垃圾渗滤液中有机物的成分已经有比较深入的研究[9~11]。

由于垃圾渗滤液的成分非常复杂，含有多种致癌物、促癌物、辅致癌物、致突变物和金属离子，而且不同来源垃圾渗滤液的成分差异很大，目前还不能对渗滤液中的有机物进行精确的全解析[12]。因此对于垃圾渗滤液中 DOM 的组成，一直以来也没有恰当的方法对其组分进行全面的逐一解析。近年来发展起来的树脂吸附分级分离法结合各种高级检测技术是研究 DOM 不同组分的有效手段[13]。由于 DOM 是包含了一系列化学性质各异化合物的混合物，因此需要通过各种分析技术的综合解析，才可以得到 DOM 组分的分子结构、官能团组成及元素比例等详细信息。目前用来表征 DOM 特征的参数主要有离子交换能力、C/O 比、有机污染物的吸附能力以及可利用 DOC 的含量等；分析 DOM 结构及官能团特征的手段主要包括分子量测定、元素分析（EA）、紫外光谱分析（UV）、红外光谱分析（FTIR）、三维荧光光谱分析（3D－EEM）、核磁共振（NMR）、GC/MS 分析、LC－MS 分析、功能团和生物大分子水平上的结构分析等[13~15]。一般需要根据研究目的，综合选用多种分析技术来对 DOM 进行全面表征。

DOM 组分的复杂性和非均质性导致了其研究的困难性，采用适当方法把 DOM 分离和浓集成不同性质的组分，通过比较各组分含量及结构来探讨 DOM 的性质，对比 DOM 不同组分的差异，可以更好地表征 DOM 的结构特征。目前已有不少研究者将这些技术及方法法用于污水中 DOM 的组分研究，对垃圾渗滤液 DOM 的研究也有报道[5,15]。

　　本章采用树脂串联分离技术，以武汉市二妃山垃圾卫生填埋场渗滤液为研究对象，分离提取了垃圾渗滤液中 DOM 的六种不同组分：憎水性碱（HOB）、憎水性酸（HOA）、憎水中性（HON）、亲水性碱（HIB）、亲水性酸（HIA）和亲水中性（HIN）等。利用红外光谱、荧光光谱、紫外光谱及溶胶凝胶色谱等多种分析检测手段，详细解析了垃圾渗滤液 DOM 不同组分的结构和官能团特征，从物质结构的角度系统比较了渗滤液 DOM 不同组分的结构性质差异。

2.1　二妃山垃圾卫生填埋场概况

　　二妃山垃圾填埋场位于武汉市江夏区流芳镇湖口村，武昌区东偏南方向，距武昌区中心地带（大东门）约 17km，占地 23.41 万平方米（351 亩），其中填埋库区占地面积 14.78 公顷，平均填埋高度 40m，库容量 320 万立方米，设计填埋年限 12 年。场地为低山丘陵地貌，场区东、西、北三面环山，地势较高。北侧地势最高，最大海拔标高 88m，南侧连接垅岗平地，地势较低，最低标高 49.45m，整体形态犹如一支向南敞开的簸箕（见图 2-1）。垃圾来源主要为武昌地区的生活垃圾[16]。2003 年开始启用，设计日处理垃圾 800t，实际日处理垃圾 1200t，2008 年封场，采用 HDPE 高密度薄膜防渗技术。

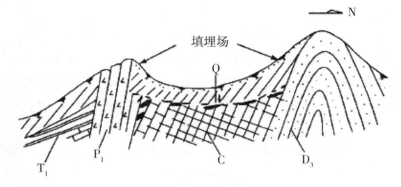

图 2-1 二妃山垃圾填埋场南北纵向剖面示意[17]

场地北部为泥盆系石英砂岩，向南依次为石炭系灰岩、二叠系硅质岩、三叠系页岩夹煤层。石炭系灰岩受构造控制，呈近东西向条带状分布。为了了解场区内的地层岩性及水文地质条件，建设单位还专门对场地进行了钻孔勘察，共布置两条勘察剖面，6个孔。根据勘察结果，结合区域水文地质资料综合分析，场地内主要为覆盖型岩溶水，含水层呈近东西向带状分布，水位变化较大，水位埋深6m左右。岩溶水主要由大气降水和地表水的远源补给。受构造的影响，在灰岩与硅质岩接触的部位灰岩溶蚀严重，岩溶发育，形成了地下水的主要径流途径。此外，由于构造作用，场区内的泥盆系石英砂岩节理、裂隙发育，风化作用形成的风化裂隙直接暴露地表，在大气降水时，成为岩溶水补给的途径之一。勘察揭露的地层主要为黏土、灰岩、硅质岩及页岩。第四系填土（堆积土）层厚 $0 \sim 5.4\text{m}$，分布于堤坝及北侧山坡脚，室内试验测得，渗透系数为 $3.84 \times 10^{-5} \sim 1.68 \times 10^{-5}\text{cm/s}$，压水试验测得吕荣值为 0.06Lu。依次向下为黏土层和含碎石黏土层，厚 $5.40 \sim 10.84\text{m}$，室内试验测得，渗透系数为 $6.38 \times 10^{-8} \sim 2.34 \times 10^{-7}\text{cm/s}$，压水试验测得吕荣值 $< 0.01\text{Lu}$。渗透系数低，在场低膜防渗，是一种天然防渗和人工防渗相结合的水平防渗方

式。再向下为石炭系灰岩，上部岩溶发育，入岩 8 ~ 10m，渗漏严重，两个钻孔冲洗液漏失，漏失量达 2L/s 以上，压水试验测得吕荣值 > 0.278Lu。二叠系硅质岩，裂隙发育，渗漏严重，压水试验测得吕荣值达 0.2Lu。另根据地下水取样分析，地下水化学类型为重碳酸钙 – 重碳酸硫酸钙型[17]。

2.2　实验材料与方法

2.2.1　实验材料和仪器

1. 实验材料

实验所用主要试剂和材料如表 2 - 1 所示。

表 2 - 1　实验所用主要试剂和材料

药品名称	级别	生产厂商
甲醇	色谱纯	美国 Tedia/天津市福晨化学试剂厂
正己烷	色谱纯	美国 Tedia/天津市福晨化学试剂厂
二氯甲烷	色谱纯	美国 Tedia/天津市福晨化学试剂厂
丙酮	色谱纯	美国 Tedia/天津市福晨化学试剂厂
氯仿	色谱纯	美国 Tedia/天津市福晨化学试剂厂
无水乙醇	色谱纯	美国 Tedia/天津市福晨化学试剂厂
六甲基苯	基准试剂	比利时 Acros/百灵威科技有限公司
聚乙二醇	分析纯	German Merck
氢氧化钠	优级纯	广州市齐云生物技术有限公司
溴化钾	优级纯	广州市齐云生物技术有限公司
重铬酸钾	分析纯	上海源叶生物科技有限公司
盐酸	分析纯	开封东大化工有限公司试剂厂
XAD - 8 树脂	分析纯	美国 Amberhite/北京华尔博公司
阴离子交换树脂	分析纯	上海劲凯树脂有限公司

药品名称	级别	生产厂商
阳离子交换树脂	分析纯	上海劲凯树脂有限公司
柱层析硅胶	ZCX – Ⅱ	青岛海洋化工厂
柱层析氧化铝	ZCX – Ⅱ	青岛海洋化工厂
PL aquagel – OH 柱	7.5 × 300	美国，Agilent
ODS – C18 小柱	500mg × 3mL	美国，Agilent

试剂预处理。①硅胶：80 ~ 100 目，使用前分别用正己烷、二氯甲烷、甲醇依次索氏抽提 24h，室温下干燥后，在马弗炉中 180℃ 活化 12h，取出后称重，加入 3%（质量比）的去离子水去活，平衡 12h 后，加入正己烷浸泡，密封保存于真空干燥器中备用。②中性氧化铝：100 ~ 200 目，分别用正己烷、二氯甲烷、甲醇依次索氏抽提 24h，室温下干燥后，在马弗炉中 250℃ 活化 12h，取出后称重，加入 3%（质量比）的去离子水去活，平衡 12h 后，加入正己烷浸泡，密封保存于真空干燥器中备用。③无水硫酸钠：420℃ 灼烧 4h 后放在真空干燥器中密封保存。④脱脂棉、滤纸：按上述方法索氏抽提 24h，室温挥干溶剂后，置于真空干燥器中密封保存备用。⑤Cu丝：先用 HCl 冲洗，再用甲醇超声清洗 5min 后，置于甲醇溶液中保存备用。

所有玻璃器皿使用前均需经过以下处理：首先用重铬酸钾洗液浸泡 24h，接着用自来水冲洗至少 8 遍，然后用去离子水冲洗 3 遍后，放入烘箱中 180℃ 干燥 4h，再在马弗炉中 450℃ 灼烧 4h，使用前用少量溶剂溶洗。所用实验用水均采用电阻率大于 18MΩ · cm 二次去离子水。

2. 实验仪器

实验所用主要仪器如表 2 – 2 所示。

表 2 - 2　实验所用主要仪器

仪器名称	型号	生产厂商
GC/MS 联用仪	Agilent 76890N - 5975 （AS800）	美国，Agilent
紫外分光光度计	UV - 1750	日本，岛津
傅里叶变换红外光谱仪	Nicolet Magna 560 型	美国，Nicolet
分子荧光光谱分析仪	LS55	美国，PerkinElmer
总有机碳／总氮分析仪	Liquitoc	德国，Elementar
ICP - AES	IRIS Intrepid	美国，Thermo
离子色谱仪	761 compact IC	瑞士，万通
液相色谱仪	HP1100	美国，Agilent
示差折光检测器	G1362A	美国，Agilent
旋转蒸发仪	R - 210	瑞士，Buchi
氮吹仪	EFCG - 11155 - DA	美国，Organomation
冷冻干燥机	ALPHA 1 - 2LD plus	德国，Martin Christ
辐照计	UV - A	北京师范大学光电仪器厂
低压汞灯	ZSZ10D	长沙，科星
玻璃转子流量计	LZB - 15	天津流量仪表有限公司
精密 pH 计	pHs - 3C 型	上海精密科技有限公司
高速台式离心机	TG16 - WS	长沙，湘仪
马弗炉	SX2 - 5 - 12	上海，博泰

2.2.2　DOM 的树脂分离操作

本实验采用树脂分离系统分离提取垃圾渗滤液 DOM 不同组分。树脂分离系统分别由 3 根填充 XAD - 8 树脂和阴、阳离子交换树脂的全玻璃分离柱组成（见图 2 - 2）[18]。每根树脂柱的内径为 1.5cm，高 35cm，分离柱底部出口连接聚四氟乙烯旋钮以控制流速，顶部可以连接手动增压器，手动增压器由带有双联球的橡胶管组成。

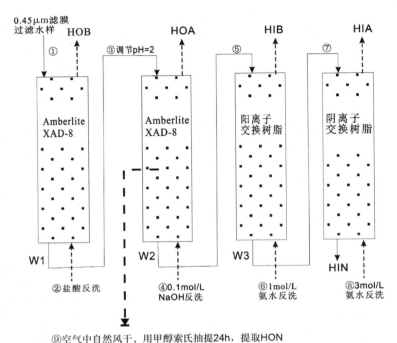

图 2 - 2　溶解性有机物的分离流程

1. 实验准备

（1）XAD - 8 树脂处理

XAD - 8 树脂首先用 0.1mol/L NaOH（优级纯）浸泡 24h，在此期间每隔一定时间更换新碱液，共 5 次；然后依次用适量丙酮、正己烷、甲醇在索氏提取器中分别抽提 24h，最后浸泡于甲醇溶液中备用。

（2）阴、阳离子交换树脂处理

首先用甲醇在索氏提取器抽提 24h，再用二次去离子水冲洗至出水 TOC 小于 0.5mg/L，然后用 3M HCl 浸泡 48h，接着用二次去离子水冲洗至 pH 中性；阴离子交换树脂接着继续用 3M

NaOH溶液浸泡48h，再用二次去离子水冲洗至pH中性；处理好的树脂在二次去离子水中湿法保存备用。

（3）装柱

1）XAD-8树脂柱。在全玻璃分离柱的下部填充少许抽提过的脱脂棉，用湿法装填XAD-8树脂（装柱过程中液面始终高于树脂面至少2cm），至高度约20cm后（相当于树脂体积约35mL），用手动增压器压实，再在XAD-8树脂上部填充少许脱脂棉压实，以保持树脂平整。过水样前，先用0.1mol/L NaOH（优级纯）200mL淋洗过柱，接着用100mL二次去离子水清洗，然后用0.1mol/L HCl（优级纯）70mL继续清洗，最后用不少于300mL二次去离子水淋洗过柱，收集最后30mL淋出液为空白BK_1，测定至其TOC<0.5mg/L（否则需继续冲洗）。清洗时流速均控制在3~5mL/min。

2）阳离子柱：装填方法同1），装填树脂高度至少7.5cm（约13mL湿体积）。过水样前，用不少于1L的二次去离子水冲洗，收集最后的淋出液30mL为空白BK_2，测定至其TOC<0.5mg/L（否则需继续冲洗）。清洗流速控制在3~5mL/min。

3）阴离子柱：装填方法同1），装填树脂高度至少10cm（约17mL湿体积）。过水样前，用不少于1L的二次去离子水冲洗，收集最后的淋出液30mL为空白BK_3，测定至其TOC<0.5mg/L（否则需继续冲洗）。清洗流速控制在3~5mL/min。

2. DOM分离操作

DOM分离流程如图2-2所示。分离步骤：水样（垃圾渗滤原液或光催化处理液，以下均简称水样）经0.45μm微孔滤膜过滤后，首先测定DOC_0（DOM）；然后准确移取25mL，不做任何pH调节直接通过XAD-8柱（流速不超过0.3mL/min，过样时间约需80min）。接着按以下步骤分离DOM各组分：

1）憎水性碱的分离：过 XAD－8 树脂柱后的水样用干净烧杯（W_1）盛接，再用 70mL 二次去离子水淋洗 XAD－8 柱（也接入烧杯 W_1 中）；接着先用 10mL 0.1M HCl 反洗，再用约 50mL 0.01M HCl 反洗，收集合并反洗液，用二次去离子水定容至 100mL，部分用于测 DOC_1，其余在 4℃下保存备用；淋洗速度不超过 0.5mL/min。

2）憎水性酸的分离：W_1 水样用 6M 盐酸调节 pH＝2 后再过 XAD－8 树脂柱，过柱后水样用干净烧杯（W_2）盛接，再用约 70mL 二次去离子水洗净 XAD－8 柱（也接入烧杯 W_2 中）；接着先用 10mL 0.1M NaOH 反洗，再用 50mL 二次去离子水反洗，合并收集反洗液，用二次去离子水定容至 100mL，部分用于测 DOC_2，其余在 4℃下保存备用；淋洗速度不超过 0.5mL/min。

3）憎水中性物质的分离：收集上述过滤水样的 XAD－8 柱，低温冷冻干燥后，用约 150mL 的甲醇索氏抽提 24h，收集抽提液，旋转蒸发定容到 1mL；取 0.5mL 于 50mL 容量瓶中，自然挥干，用二次去离子水定容至 50mL 备用；剩余 0.5mL 密封 4℃保存于细胞瓶中备用。

4）亲水性碱的分离：W_2 水样过阳离子交换柱（过柱速度≤1mL/min），过柱后水样用干净烧杯（W_3）盛接；用约 50mL 1M 的氨水反洗，收集反洗液，定容至 100mL，部分用于测定 DOC_4，其余 4℃下保存备用。

5）亲水性酸的分离：W_3 水样过阴离子交换柱（≤1mL/min），过柱后水样用干净烧杯盛接（W_4）；用约 50mL 3M 的氨水反洗，收集反洗液，定容至 100mL，部分用于测定 DOC_5，其余 4℃下保存备用。

6）亲水中性物质的分离：在任何柱子上都不吸附的水样 W_4，接入烧杯，定容至 200mL；部分用于测定 DOC_6，其余 4℃下保存备用。

注意：由于提取 DOM 各组分时，采用不同体积洗脱液洗脱，最终定容后，DOM 各组分除 HIN 稀释 8 倍外，其余均稀释 4 倍。

2.2.3 垃圾渗滤液水质指标测定

1. 常规指标的测定

本书中垃圾渗滤液常规水质指标分析均采用国家环保总局编写的《水和废水检测分析方法》[19]进行，具体分析方法见表 2 - 3。

表 2 - 3 常规指标的测定方法

指标	测定方法	预处理及保存
阳离子	ICP - AES	$0.45\mu m$ 滤膜过滤，适当稀释
阴离子	离子色谱法	$0.45\mu m$ 滤膜过滤，适当稀释
DOC	燃烧氧化 – 非分散红外吸收法	加 $1+1$ 硫酸，$0.45\mu m$ 滤膜过滤
COD_{Cr}	重铬酸钾法	加硫酸 pH < 2
BOD_5	稀释接种法	$0 \sim 4℃$ 保存
氨氮	纳氏试剂比色法	加硫酸 pH < 2
悬浮物	重量法	尽快测定
色度	稀释倍数法	尽快测定
pH	玻璃电极法	现场测定
电导率	电极法	现场测定

注：其他处理或分离后样品水质常规指标的测定参照上述方法。

2. 垃圾渗滤液 DOM 的分子量测定

分子量的分析采用凝胶色谱法（GPC）。凝胶色谱柱：PL aquagel - OH 柱；内径：7.5mm；长度：300mm；粒径：8μm；孔径：30Å；适用分子量范围：100 ~ 30kDa；pH 范围：2 ~ 10。

仪器型号：Agilent G1362A 1200 示差折光检测器（RID）（美

国，安捷伦）。

数据软件：GPC – Addon software。

用分子量分别为 20kDa、10kDa、4kDa、1kDa 和 400 Da 的聚乙二醇（PEG）作为分子量标准，用二次去离子水依次配制浓度为 1g/L 的上述不同分子量标准物质的标准溶液，进行 HPLC – RID 检测。色谱条件：色谱柱 PL aquagel – OH 柱（300mm × 7.5mm）串联加保护柱；流动相：二次去离子水；流速：0.5mL/min；柱温：30℃；检测器温度：30℃；进样量：20μm。

以分子量标准物质聚乙二醇的分子量对数（lg$M$）为纵坐标，保留时间 t_R 为横坐标，绘制 lg$M$ – t_R 的标准曲线，用 origin8.0 软件拟合聚乙二醇 GPC 校正曲线回归方程。根据样品 GPC 谱图，利用 GPC – Addon software 计算渗滤液及 DOM 各组分的重均分子量 M_w、数均分子量 M_n、峰值分子量 M_p、多分散性系数（$D = M_w/M_n$）。

垃圾渗滤液稀释 20 倍后测定，分离后的 DOM 各组分直接测定。各样品分子量分布范围按照色谱峰中 0.1 倍峰高处的保留时间计算。

3. 渗滤液紫外光谱和比紫外吸光率的测定

取适量垃圾渗滤液，用二次去离子水稀释 20 倍后，在 200 ~ 400nm 范围扫描其紫外吸收光谱（二次去离子水为参比）。系统设置如下。波长间隔为 1nm，扫描速度为 240nm/min，吸收池厚度为 10mm。分离后的 DOM 各组分直接测定。

同时，分别测定 254nm、253nm 以及 203nm 处的吸光度，结合样品 DOC 值，计算比紫外吸光率（SUVA$_{254}$），其定义为单位浓度 DOC 的紫外吸收值，即 SUVA$_{254}$ = UV$_{254}$ × 100/DOC，它反映了水中芳香族有机物的含量或水中有机物的芳香构造化程度；UV$_{253}$ 与 UV$_{203}$ 的比值可以反映样品中芳香环的取代程度[1]。

4. 傅里叶变换红外光谱分析

样品制备：称量 1.0g 优级纯 KBr，置于直径为 3cm 的表面皿中，均匀摊开；准确移取垃圾渗滤液或光催化处理液 2mL，均匀滴加在 KBr 表面。待水样与 KBr 混合均匀后，置于低温冷冻干燥器上干燥 24h，然后转移至玛瑙研钵中，在红外灯下充分磨细（2μm 左右）、取约 200mg 试样装入模具中压片，同时制备空白 KB 盐片。

样品测定：以空白 KBr 盐片为背景，进行试样盐片的红外光谱扫描。

测定条件：扫描次数 32；分辨率 4000；背景增益 1.0；样品增益 1.0；检测器 DTGS KBr；动镜速度 0.7912；孔径 100.00；测定范围 $4000 \sim 400 cm^{-1}$。

仪器：Nicolet Magna 560 型傅里叶变换红外光谱仪。

垃圾渗滤液：实际取水样 2mL（未稀释），对应 KBr 为 1g。渗滤液 DOM 各组分：按照水样与 KBr 比例 2mL：1g 的对应关系，因为 DOM 各组分在提取分离洗脱时稀释 4 倍，因此取样体积为 8mL，对应 KBr 为 1g；HIN 组分由于稀释 8 倍，取样体积为 16mL，对应 KBr 为 1g。

5. 三维荧光光谱分析

荧光光谱测定采用仪器为 Perkin Elmer Luminescence Spectrometer LS55。仪器的主要性能参数如下。激发光源：150W 氙弧灯；PMT 电压：700V；信噪比 > 110；带通：$E_x = 10nm$，$E_m = 10nm$，响应时间：自动；扫描光谱进行仪器自动校正。三维荧光光谱扫描参数：激发光谱波长 $E_x = 200 \sim 450nm$，发射光谱波长 $E_m = 250 \sim 550nm$，扫描速度：1200nm/min。为避免二次瑞利散射，出射光加 290nm 的截止滤光片。样品荧光光谱减去二次去离子水的荧光光谱以去除拉曼散射的影响。

调整 $E_x = 370nm$ 激发水样得到荧光发射光谱，激发光带宽 2.5nm，发射光带宽 5nm，其余参数设置同三维荧光扫描。利用荧光发射光谱强度在 450nm 与 500nm 处的比值计算荧光指数（fluorescence index，$f_{450/500}$）[1]。

为了避免高浓度样品内过滤效应的干扰，对不同样品进行适当稀释，各样品 DOC 浓度均稀释为 10mg/L 以下。根据各样品荧光信号强度确定稀释倍数为：垃圾渗滤液稀释 300 倍，DOM 不同组分稀释 40 倍。

2.3 垃圾渗滤液理化性质和 DOM 组分含量分布

2.3.1 垃圾渗滤液基本理化性质

垃圾渗滤液采自二妃山垃圾填埋场的垃圾渗滤液处理厂的调节池，渗滤液外观呈深棕褐色，有较浓烈臭味，略带黏稠感，其基本理化性质如表 2-4 所示。

表 2-4 垃圾渗滤液基本理化性质

指标	测定值	指标	测定值	指标	测定值
pH	8.24	SO_4^{2-}	280.49	Al	0.17
色度（倍数）	2400	Si	55.18	V	3.21
电导率（mS/cm）	12.2	S	41.81	As	1.27
碱度（$CaCO_3$）	2326	K	1362	Ag	0.18
SS	164	Na	1324	Ni	0.22
TDS	10856	Ca	38.43	Pb	0.56
COD_{Cr}	2440.3	Mg	158.10	Cr	0.93
BOD_5	225.4	P	6.49	Sr	0.58
DOC	913.8	B	3.97	Cu	0.06
TOC	1004.2	Ba	0.09	Cd	0.0008
Cl^-	2160.2	Fe	1.99	Mn	0.35

指标	测定值	指标	测定值	指标	测定值
F^-	4.51	Co	0.12	Zn	0.68
NH_4^+	1359.3	Mo	0.97	Hg	0.16
NO_3^-	10				

注：除 pH、色度和电导率外，其他都是以 mg/L 为单位；BOD_5/COD_{Cr} =0.092。

由表 2-4 可以看出，二妃山垃圾渗滤液 TDS 高达 10856mg/L，而 SS 仅为 164mg/L，说明渗滤液污染物主要由溶解性的物质（包括溶解性无机物和有机物）组成。渗滤液 DOC 高达 913.8mg/L，占到渗滤液 TOC 总量的 91%，颗粒态有机物（POM）的含量仅为 90.4mg/L，说明溶解性有机物（DOM）是垃圾渗滤液有机物的主要组成[20]。一般而言，垃圾渗滤液水质受填埋时间、垃圾成分以及垃圾分解程度的影响较大，填埋场各阶段垃圾分解形态与水质都会发生变化[21,22]。二妃山垃圾填埋场建厂较早且已封停，渗滤液水质经过长期的自然环境已经比较稳定，与年轻垃圾渗滤液相比，COD_{Cr} 浓度不高且变化范围不大，以溶解性有机物为主；BOD_5/COD_{Cr} 仅为 0.092，可生化性极差，以难降解有机物为主；渗滤液营养不均衡，尤其是磷含量低，偏碱性，且氨氮含量和色度都很高；属于难生物降解有机废水，具有成熟垃圾填埋场渗滤液的典型特征[15]。另外，垃圾渗滤液中某些金属离子含量也高于我国污水综合排放标准（GB8978—1996）。由于腐殖质含有大量的含氮官能团，从而导致了渗滤液中氨氮浓度较高，因而考虑重金属与含氮官能团的化合物较强的有机螯合具有重要的意义。

2.3.2　垃圾渗滤液 DOM 的含量分布

垃圾渗滤液 DOM 不同组分含量（用 DOC 表示）分布比例如图 2-3 所示。其中渗滤液 DOM 以及 HOB、HOA、HIB、HIA、

HIN 五种组分的含量由测定所得；HON 组分含量由计算所得，计算公式为：HON = DOC − HOB − HOA − HIB − HIA − HIN。

图 2 − 3 表明，垃圾渗滤液中 DOM 不同组分的比例依次为 HOA > HON > HIA > HIN > HOB > HIB。其中 HOA 的含量高达总 DOM 的 30% 以上，HON 含量高达 21.4%，HIA 和 HIN 的含量都接近 20%，说明这四种组分是渗滤液 DOM 的主要组成；HIB 与 HOB 的含量相对较低，分别为 3.60% 和 7.84%。可以看出在渗滤液 DOM 中，有机酸性物质（HOA 和 HIA）的含量超过 50%，有机中性物质（HON 和 HIN）的含量接近 40%，有机碱性物质（HOB 和 HIB）的含量最少，仅为 10% 左右。这与 Edzwald 等[23] 和 Wang 等[24] 所研究的水样 DOM 各组分 DOC 的大小顺序基本一致。渗滤液 DOM 疏水性组分的含量接近 60%，高于亲水性组分；一般认为，随着填埋时间的延长，渗滤液中腐殖质所占比例会提高，而亲水性物质会逐渐减少[5,25]。这说明二妃山填埋场渗滤液经过长期的自然环境成分已趋于稳定。另外，需要注意的是，垃圾渗滤液呈现弱碱性（pH = 8.24），可以推断垃圾渗滤液的碱性可能主要由于其氨氮和 CO_3^{2-} 含量较高所致。

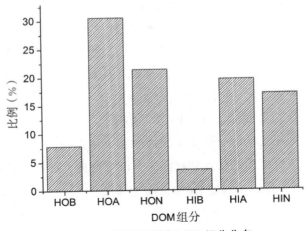

图 2 − 3　垃圾渗滤液 DOM 组分分布

2.4 垃圾渗滤液 DOM 的分子量分布

为了更好地了解 DOM 在环境中的光化学行为和对共存体系中污染物性质的影响，对 DOM 进行适当分级至关重要[26,27]。近年来，用于分级的方法有很多，主要是从溶解度、分子大小、电荷密度和吸附特性等方面来进行[27]。DOM 是分子量分布广泛的有机质综合体，其分子量分布从几百到上百万不等。分析渗滤液中 DOM 的分子量分布，对于深入理解渗滤液的水质特征和 DOM 性质具有重要意义。目前用于确定 DOM 分子量分布的方法主要有滤膜过滤法和凝胶渗透色谱法（体积排阻色谱法）。

凝胶渗透色谱技术（Gel Permeation Chromatography，GPC）是利用分子排阻机理进行分离的色谱技术，即根据溶质（被分离物质）分子量的不同，通过具有分子筛性质的固定相（凝胶），使物质达到分离。目前的 GPC 法是一种按照溶质分子在流动相中的体积大小的不同进行分离的色谱方法，主要利用多孔凝胶固定相的独特性质，基于物质分子尺寸的不同进行分离的，因此也称作体积排阻色谱。当被分析的样品通过输液泵随着流动相以恒定的流量进入色谱柱后，体积比凝胶孔穴尺寸大的高分子不能渗透到凝胶孔穴中而受到排斥，只能从凝胶粒间流过，最先流出色谱柱，即其淋出体积（或时间）最小；中等体积的高分子可以渗透到凝胶的一些大孔中而不能进入小孔，比体积大的高分子流出色谱柱的时间稍后、淋出体积稍大；体积比凝胶孔穴尺寸小得多的高分子能全部渗透到凝胶孔穴中，最后流出色谱柱、淋出体积最大。因此，聚合物的淋出体积与高分子的体积即分子量的大小有关，分子量越大，淋出体积越小。分离后的高分子按分子量从大到小被连续的淋洗出色谱柱并进入检测器。凝胶渗透色谱法最初主要用来分离蛋白质，但随着适用于非水溶剂分离的凝胶类型的增加，凝胶渗透净化技术得到广泛应用，成为药物、农药残留以及其他多种环境有机物分析中的一种重要净化手段。早在 20 世纪 60 年代，凝胶渗透色谱就应用于 DOM 以及腐殖酸等物质分子量的测定。由于该法操作简单，目前在 DOM 分子量的研究中应用广泛。

采用 GPC 色谱法分离的不同分子量组分通常采用示差折光检测器（RID）和紫外吸收光谱检测器进行检测。紫外吸收光谱检测器仅适用于在紫外区有吸收的物质。RID 检测器是一种高度稳定和灵敏的液相色谱和凝胶渗透色谱检测器，是根据折射原理设计的，一般是通过连续检测样品流路与参比流路间液体折光指数差值信号来进行检测。它可与输液泵、色谱柱、进样器等组成凝胶渗透色谱仪或高速液相色谱仪系统，也可以配置适当的进样系统作为单独的分析仪器使用，适用于检测在紫外光范围内吸光度不高的化合物，如聚合物、糖、有机酸和甘油三酸酯等。

由于应用统计方法的不同，在使用凝胶渗透色谱法测定分子量时，即使对同一个试样，也可以有许多不同种类的平均分子量。凝胶渗透色谱中最常用平均分子量有两种，即数均分子量和重均分子量。这两种平均分子量的物理意义比较明确，数均分子量是按分子数目统计平均而得，重均分子量是按分子重量统计平均而得。分别定义如下。

$$数均分子量：M_n = \frac{\sum N_i M_i}{\sum N_i} = \frac{\sum W_i}{\sum W_i/M_i} \tag{1}$$

$$重均分子量：M_w = \frac{\sum N_i M_i^2}{\sum N_i M_i} = \frac{\sum W_i M_i}{\sum W_i} = \sum W_i M_i \tag{2}$$

式中：N_i——分子量为 M_i 的分子的个数；

W_i——分子量为 M_i 的组分的重量。

本节采用凝胶渗透色谱技术，以同分子量的聚乙二醇（PEG）作为分子量标准物，通过示差折光检测器（RID 检测器），分析了垃圾渗滤液 DOM 及其不同组分的分子量分布特征。

2.4.1 PEG 分子量标准曲线的绘制

通过 GPC 色谱柱分离后，在 RID 谱图中，大分子量有机物保留时间较短率先流出，小分子量有机物保留时间较长稍后出现。在一定的条件下，分子量的对数（$\lg M$）与保留时间（t_R）间呈线性关系。根据分子量标准物 PEG 的 RID 检测器信号，绘制 GPC 谱图和 $\lg M - t_R$ 标准曲线，分别如图 2-4 及图 2-5 所示，拟合的分子量标准曲线回归方程为 $\lg M = 7.910 - 0.314 t_R$，$R^2 = 0.9986$。

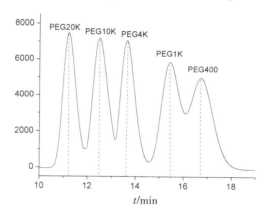

图 2-4 分子量标准 PEG 的 GPC 谱图

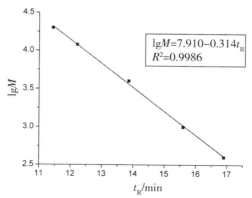

图 2-5 分子量标准曲线

2.4.2 渗滤液 DOM 的分子量分布特征

根据 GPC 谱图，混合物分子量分布特征的表示通常有四种：①数均分子量（M_n），按分子数目统计平均所得；②重均分子量（M_W），按分子重量统计平均所得；③峰值分子量（MWp），即简单将峰顶点所对应的保留时间计算转换为分子量来表示；④高聚物的分子量分布，指样品中各种分子量组分在总量中各自所占的比例。最直观的表示方法是采用分子量多分散系数（D），即重均分子量和数均分子量的比值（$D = M_W/M_n$）。

图 2 - 6 为垃圾渗滤液 DOM 的 GPC 谱图，表 2 - 5 是垃圾渗滤液 DOM 各组分的重均分子量（M_W）、数均分子量（M_n）以及多分散系数 $D = M_W/Mn$。由图 2 - 5 可以看出，垃圾渗滤液的 GPC 曲线呈双峰分布，这一结果与 Chian 和 DeWalle[28] 以及 Harmsen[9] 的结论非常相似，陈少华等[29] 对渗滤液 DOM 分子量的研究也有同样的结论。这主要是由于垃圾渗滤液中 DOM 不同组分分子量的差异较大、分子量分布较广所致。渗滤液中 DOM 分子量受到生物降解过程的强烈影响。例如，年轻的垃圾渗滤液（<5 年）中的化合物分布较窄且分子量较低（<500Da），相

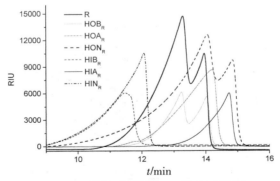

图 2 - 6　垃圾渗滤液 DOM 的 GPC 谱图

反在成熟的渗滤液（＞10 年）中主要是大分子量的化合物（＞10000Da）。Croue 等[30]认为大分子量组分中主要包含的是结构复杂的腐殖质。随填埋年龄的增加，腐殖质含量增加，且易于降解的小分子量含量降低。

表 2－5　垃圾渗滤液 DOM 组分的分子量分布

样品	M_w	M_n	D
R	43973	8479	5.19
HOB_R	35588	3613	9.85
HOA_R	5993	3877	1.546
HON_R	44220	3796	11.65
HIB_R	124500	33500	3.717
HIA_R	9932	2386	4.162
HIN_R	16500	13780	1.197

注：R 指垃圾渗滤液，下同。

　　二妃山垃圾渗滤液分子量分布于 4～30kDa，多分散系数 D＝5.19，说明其分子量分布较广。HOB 的 GPC 峰形与垃圾渗滤液非常相似且分布区域相近，分子量为 4～25kDa；HON 的峰形也与垃圾渗滤液相似但范围更宽，保留时间也略长，分子量为 1.5～55kDa。HOB 和 HON 的分散系数分别高达 14.26 和 9.85，也证实这两种物质的分子量分布较广。在渗滤液 DOM 的其他组分中，HIB 分子量最大，为 20～80kDa；其次为 HIN，为 12～80kDa；最小为 HIA，为 2～6kDa；HOA 分子量为 2～25kDa。各组分按峰值分子量排列依次为 HIB＞HIN＞HOB＞HON＞HOA＞HIA，与按数均分子量排列依次一致；按重均分子量排列依次为 HIB＞HON＞HOB＞HIN＞HIA＞HOA。说明 HIB 组分分子量较大，且数目较少，而 HOA 和 HIA 的组分分子量较小，但数目较多。结合上节 DOM 各组分的含量比例，进一步证实 HOA 和 HIA 是渗滤液 DOM 的主要组分。另外，整体上看疏水性组分和亲水性组分的分子量没有显著差异。

有资料表明[29,31]，垃圾渗滤液中的有机物主要分布在两个分子量范围：大分子组分的峰值分子量为 11480 ~ 13182Da，小分子组分的峰值分子量则为 158 ~ 275Da。大分子组分很难被微生物降解，但能被微滤膜截留；小分子组分中的大多数有机物能被微生物降解。在本研究中，二妃山垃圾渗滤液 DOM 的分子量大多在 10kDa 以下，分子量在 10kDa 以上的大分子量物质主要是 HIB 和 HIN，仅占渗滤液 DOM 总量的 10% 左右。其余组分分子量大多为 1 ~ 10kDa，低于 500Da 的组分含量很少。垃圾渗滤液 DOM 平均分子量为 8479Da。根据 Wichitsathian 等[32]的报道，垃圾渗滤液中的小分子有机物主要由易生物降解的挥发性脂肪酸（VFA）和氨基酸组成；中分子量有机物主要为黄腐酸类物质（分子量通常为 500Da ~ 10kDa），其结构中含有羟基和羧基；大分子量有机物主要由多糖、蛋白质和腐殖酸类物质组成，分子量较高，难以被生物降解。由此可见，在二妃山垃圾渗滤液中以中分子量有机物主要为黄腐酸类物质为主，难以生物降解，从分子量的角度说明了二妃山垃圾渗滤液可生化性差的原因。另外，部分资料认为[5,33]，渗滤液中难生物降解的大分子量有机物主要为腐殖质、多糖和蛋白质，新鲜垃圾渗滤液的分子量较小，成熟垃圾垃圾渗滤液的分子量较大。渗滤液中腐殖质比例随填埋时间的延长而提高，晚期渗滤液的生化性指标 BOD_5/COD 可以降到 0.1 以下，不适宜采用生物法处理。

2.5 渗滤液 DOM 的紫外光谱分析

在分子中某一基团或体系能对一定波长的光产生吸收而出现谱带，这一基团或体系即为生色团。在有机化合物分子中，能在紫外可见光区产生吸收的典型生色团有羰基、羧基、酯基、硝基、偶氮基及芳香体系等。很多研究者采用紫外区的吸光度来表征 DOM 的特征，这主要由于 DOM 中的芳香族化合物在紫外区230～270nm 波段内存在强烈吸收。一般饱和有机物在近紫外区域无吸收，而含共轭双键（共轭二烯烃、不饱和醛以及不饱和酮等）或苯环的有机物在紫外区有明显的吸收[1,34]。Kang 等人[35]发现不同渗滤液中的紫外－可见吸收光谱类似，缺乏显著的特征图谱，吸收光谱主要发生在紫外区，指出这主要由于 DOM 的分子量和芳香化程度随腐殖化程度增加而增大所致。Christensen 等人[36]的研究表明 DOM 溶液的吸收光谱主要发生于紫外区，而且随着波长的减少吸收强度增加，认为这是由于 DOM 中含有大量发色团重叠吸收所致。

图 2-7 表示渗滤液不同 DOM 组分的紫外吸收光谱。由图2-7 可以看出，垃圾渗滤液的紫外吸收光谱较为复杂，吸收峰集中在 200～275nm；在 230nm 以下的短波长紫外区有众多明显的强吸收峰，说明渗滤液中包含多种含有共轭双键、羰基的大分子

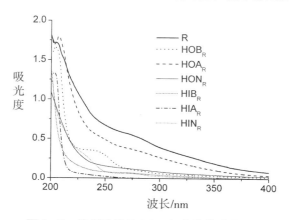

图 2-7　垃圾渗滤液 DOM 组分的紫外光谱

（R 稀释 20 倍，其余未稀释）

有机物及多环芳香类化合物，如羧酸、酮类、芳香醇类等[37]。一般认为，由于垃圾渗滤液中有机成分十分复杂，包括简单的烷烃、烯烃和复杂的单环、多环芳烃和杂环化合物，所以其吸收光谱是由多种价电子的能级跃迁类型所产生，其中包括 R 吸收带、K 吸收带、B 吸收带和 E 吸收带等，而且不同物质的吸收带可能叠加，特别是不饱和化合物及芳香化合物共轭体系的 $\pi - \pi^*$ 跃迁所产生的 K 吸收带，吸收强度大、范围广[38]。

在图 2 – 7 中，DOM 不同组分在 200 ~ 270nm 范围内都有明显吸收，HOA 在波长 210 ~ 230nm 范围内出现吸收，HOB 在波长 210 ~ 220nm 范围内以及 230 ~ 260nm 范围内出现吸收带，HIN 在波长 200 ~ 240nm 范围内出现吸收带，HIA 波长 200 ~ 210nm 范围内出现吸收带。这些吸收带没有明显特征，不足以进行结构鉴定。除垃圾渗滤原液 R、HOB 以及 HOA 外，其他组分在 250nm 后，紫外吸收显著降低。由于渗滤液 DOM 不同组分结构复杂，多种官能团相互干扰，其紫外光谱均无明显特征吸收峰。值得注意的是，不同 DOM 组分在同一波长下的吸光度有一定差异，较大的有 HOA、HOB 和 HIA，但 HIA 在波长大于 220nm 后吸光度迅速下降，其余三种 HIN、HON 以及 HIB 差别不明显。有研究表明[39]，大分子量比小分子量的 DOM 有较高含量的芳香族和不饱和共轭双键结构，因此具有更高的单位摩尔紫外吸收强度。根据分子量分布特征，大分子量的组分有 HIB 和 HON，但由于二者含量较小，所以在紫外光谱中吸光度并不是最高。

相对紫外吸光率 SUVA 可以反映出水中有机物的芳香性及不饱和双键或芳香环有机物相对含量的多少等[5,40,41]。从表2 – 6 可以看出，垃圾渗滤液 SUVA 最大，各 DOM 组分的 $SUVA_{254}$ 值介于 0.0386L/（m·mg）到 1.4079L/（m·mg）之间，依次为 HOB_R > HIB_R > HOA_R > HIN_R > HON_R > HIA_R，说明 HOB 组分中芳香结构含量较多，分子的复杂化程度最高；HIB、HOA、HIN 和 HON 组分居中，HIA 组分中最低。

表 2-6　DOM 组分的 $SUVA_{254}$ 和 UV_{253}/UV_{203}

取样	R	HOB_R	HOA_R	HON_R	HIB_R	HIA_R	HIN_R
$SUVA254/$ $L/(mg \cdot m)$	1. 4079	1. 3509	0. 6462	0. 2946	0. 9110	0. 0386	0. 3599
UV_{253}/UV_{203}	0. 3820	0. 1583	0. 2765	0. 1544	0. 0798	0. 0143	0. 0730

DOM 在 253nm 与 203nm 吸光度的比值（UV_{253}/UV_{203}）可以反映其芳香环的取代程度及取代基的种类[42]。当芳香环上的取代基以脂肪链为主时，UV_{253}/UV_{203} 的比值较低；而当芳香环上的取代基中羰基、羧基、羟基、酯类含量比较高时，UV_{253}/UV_{203} 的比值比较高[34]。由表 2-6 可知，垃圾渗滤液 UV_{253}/UV_{203} 比值最大，各 DOM 组分的 UV_{253}/UV_{203} 比值的大小依次为 $HOA_R >$ $HOB_R > HON_R > HIB_R > HIN_R > HIA_R$，说明 HOA_R、HOB_R 和 HON_R 取代基中羰基、羧基、羟基、酯类含量比较高，HIB_R、HIN_R 以及 HIA_R 芳香环上的取代基以脂肪链为主，同样得出 HIA 组分结构简单的结论。同时，也说明疏水性组分结构相对复杂而亲水性组分结构相对简单。

2.6　渗滤液 DOM 的红外光谱分析

红外光谱（IR）是定性分析有机物官能团的主要手段之一，通常可以根据红外吸收曲线的峰位置、峰强度及峰形来判断化合物是否存在某些官能团。红外光谱中存在着两个大区，4000～1300cm^{-1} 的高频区为官能团区，该区域的每个吸收峰都表示某官能团的存在，原则上每个吸收峰都可找到归属；而 1300cm^{-1} 以下的低频区吸收峰数目较多，其中大部分不能找到归属，但这大量的吸收峰表示了有机化合物分子的具体特征，犹如人的指纹，故称为指纹区。解析 DOM 组分的红外谱图时，一般将官能团区和指纹区结合起来进行结构鉴定。

通常，$4000 \sim 3000\,cm^{-1}$ 是 H 键键合的羧酸、醇及苯酚中的—OH 的伸缩振动吸收峰；$3125 \sim 3030\,cm^{-1}$ 为苯环上 C–H 的伸缩振动吸收峰；$3000 \sim 2800\,cm^{-1}$ 为脂肪族饱和 C—H 键的伸缩振动吸收区；$2000 \sim 1667\,cm^{-1}$ 是苯环的泛频峰，也是苯环的高度特征峰；$1706\,cm^{-1}$ 是醛、酮、羧酸和酯类的 C=O 伸缩振动吸收峰；$1625\,cm^{-1}$ 为苯环、烯烃类 C=C 和分子间或分子内形成氢键的羧酸中的 C=O 的伸缩振动峰；$1456\,cm^{-1}$ 中等强度吸收峰是 N—H 弯曲振动的吸收峰；$1260 \sim 1000\,cm^{-1}$ 的强吸收峰是多糖类、醇类、羧酸类及酯类 C—O 的伸缩振动峰；$870 \sim 640\,cm^{-1}$ 的尖峰是苯环 C—H 面外弯曲振动吸收峰苯环类物质的特征峰[43]。各类有机化合物都有其特定的官能团，特定的官能团具有特有的红外吸收带，这些吸收带称为特征吸收带。常见官能团的红外吸收带列于表 2 – 7 中。

表 2 – 7　DOM 的常见官能团的红外吸收带

波数/cm^{-1}	官能团
$3670 \sim 3300$	O—H 伸缩振动
$2950 \sim 2850$	脂肪族化合物中的 C—H，C—H$_2$，C—H$_3$ 伸缩振动
$1730 \sim 1700$	羧酸，醛和酮类化合物中的 C=O 伸缩振动
$1670 \sim 1650$	酰胺类化合物中的 C=O 伸缩振动（酰胺 I 带）
$1625 \sim 1590$	苯环中的 C=C 伸缩振动
$1570 \sim 1550$	酰胺类化合物中的 N—H 弯曲振动（酰胺 II 带）
$1465 \sim 1440$	脂肪族化合物中的 C—H 变形
$1420 \sim 1400$	羧酸类化合物中的 O—H 弯曲振动，醇类化合物中的 C—O 伸缩振动

波数/cm^{-1}	官能团
1380～1370	甲基中的 C—H 变形
1300～1000	酯、醚、酚和醇类化合物中的 C—O 伸缩振动
910～730	苯环的弯曲振动
800～600	脂肪族氯代化合物中的 C—Cl 伸缩振动
600～500	脂肪族溴代化合物中的 C—Br 伸缩振动

2.6.1 垃圾渗滤液 DOM 红外光谱图

垃圾渗滤液 DOM 的红外光谱如图 2-8 所示。由图 2-8 可知，垃圾渗滤液中有多达 21 个红外吸收峰，具体位置见表 2-8。

一般情况下，游离的羟基伸缩振动频率会出现在 3650～3580cm^{-1} 的范围处，并呈现尖状谱带。但分子内或分子间形成氢键作用时，羟基的伸缩振动吸收谱带将会大幅度地向低频区移动，同时其伸缩振动强度会增加，谱带变宽。渗滤液中 3600～3200cm^{-1} 吸收带说明渗滤液 DOM 中含有大量的苯环和羟基功能团，由于氨基的伸缩振动频率区与羟基相重叠，吸收强度又较羟基弱，所以该谱带区域可能含有氨基伸缩振动特征峰，样品中有 N—H 的存在。2969cm^{-1}、2569cm^{-1} 的吸收峰是脂肪族化合物中的 C—H、C—H$_2$、C—H$_3$ 伸缩振动，吸收峰较弱是因为受到 C＝O 和 O—H 伸缩振动的影响。醛的 C＝O 键的吸收频率在 1730～1710cm^{-1}，酮的 C＝O 键的吸收频率在 1720～1700cm^{-1} 处。由于渗滤液中大量非极性物质偶极－偶极的相互作用，使 C＝O 键的吸收谱带下降，样品在这些谱带没有出现明显羰基的伸缩振动吸收谱带。C＝N 伸缩振动吸收谱带在 1650cm^{-1} 左右，因此 1634cm^{-1} 的吸收峰预示着渗滤液 DOM 包含有 C＝N 基团。1400cm^{-1} 处吸收峰较强，属于羧酸类化合物中的 O—H 弯曲振动或醇类化合物中的 C—O 伸缩振动，也可能为脂肪烃类末端甲基对称的变形振动，另外羧基中羟基的面内变形振动也会在此有吸收。指纹区频率 $833cm^{-1}$ 的较强吸收特征吸收峰可以判断为无机 CO_3^{2-}。在 $1200 \sim 1051cm^{-1}$ 区段的吸收谱带有数个锯齿形谱带，与缩醛和缩酮分子中两个 C—O—C 键连在一起而发生的振动偶合形成的吸收谱带相吻合。整个 $600cm^{-1}$ 左右的谱带可能是氨基或 C—H 键的吸收谱带，两者的谱带均表现出宽谱带的特征。另外由于在 $3171cm^{-1}$ 左右有肩峰吸收谱带，可以判知 $600cm^{-1}$ 左右的吸收谱带也可能为芳香环的不饱和 C—H 面外弯曲振动。$698cm^{-1}$ 的强吸收带是脂肪族氯代化合物中的 C—Cl，$544cm^{-1}$ 的伸缩振动是脂肪族溴代化合物中的 C—Br 伸缩振动。

由以上分析可以看出，垃圾渗滤液 DOM 中有机物种类繁多，包括是醛、酮、羧酸、酯、酰胺、氨基化合物、烯烃以及氯代脂肪烃类等多种有机物官能团[44,45]。

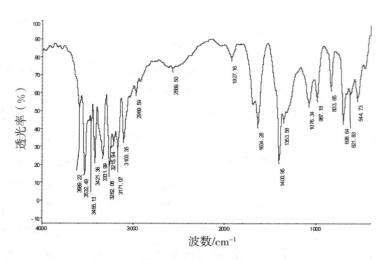

图 2 - 8　垃圾渗滤液 DOM 的红外光谱

表 2 - 8   DOM 不同组分的红外光谱位置

样品	吸收峰位置/cm^{-1}										
垃圾原	3589	3532	3465	3421	3331	3262	3215	3171	3103	2969	2569
液（R）	1927	1634	1400	1353	1076	987	833	698	621	544	
HOB$_R$	3599	3361	2997	1718	1473	1024	848	594			
HOA$_R$	3674	3295	3062	2364	2342	1716	1683	1652	1635	1558	1386
	1117	1018	847								
HON$_R$	2959	1653	1560	1401	1077						
HIB$_R$	3126	1635	1402	1093							
HIA$_R$	3144	2365	1751	1718	1701	1653	1636	1560	1542	1508	1402
	1116										
HIN$_R$	3127	2366	1717	1683	1653	1635	1558	1542	1402	1123	

2.6.2　垃圾渗滤液 DOM 各组分红外光谱图

渗滤液 DOM 各组分的红外光谱如图 2 - 9 所示，其具体红外光谱吸收峰位置见表 2 - 8。整体上来看，DOM 各组分红外光谱远没有垃圾渗滤液的复杂变化，只有 HOA 和 HIA 组分的红外吸收峰较为复杂，分别包括 15 和 12 个吸收峰，说明 HOA 和 HIA 组分中含有较多有机官能团。

HOA 组分中 3674cm^{-1} 表示自由羟基 O—H 的伸缩振动；1716cm^{-1}、1683cm^{-1}、1652cm^{-1} 是 C ＝O 伸缩振动，3295cm^{-1}、3062cm^{-1} 以及 1716cm^{-1} 处的吸收带说明存在羧酸二聚体；1558cm^{-1} 表示 C＝C 骨架振动；2364cm^{-1} 和 2342cm^{-1} 是炔烃的伸缩振动；3295cm^{-1} 表示 N—H 伸缩振动；1635cm^{-1} 是苯环的伸缩振动；847cm^{-1} 是 N—H 变形振动；1117cm^{-1} 和 1018cm^{-1} 表示 C—N 伸缩振动吸收；1386cm^{-1} 是 C—H 弯曲振动。说明 HOA 中含有氨基、羧基、酰胺基、不饱和的烯烃和炔烃等基团，对应的物质有氨基化合物、脂肪酸、芳香酸、不饱和烃类化合物和酰胺

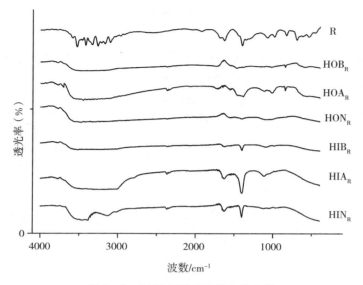

图2-9 DOM 不同组分的红外光谱

类物质等。HIA 组分的红外吸收谱带中，$1751cm^{-1}$、$1718cm^{-1}$ 和 $1701cm^{-1}$ 表示醛酮类、饱和脂肪族酯类或羧酸的 C =O 伸缩振动；$2365cm^{-1}$ 表示醛基 C—H 伸缩振动；$1116cm^{-1}$ 表示 C—O 伸缩振动；$1402cm^{-1}$ 表示 C—N 伸缩振动；$1636cm^{-1}$ 和 $1560cm^{-1}$ 表示 N–H 变形振动；$3144cm^{-1}$ 表示酰胺中 N—H 伸缩振动；$1653cm^{-1}$ 和 $1542cm^{-1}$ 是 N—H 弯曲振动。由此判断 HIA 组分中含有较多氨基化合物、脂肪酸、醛类、酮类、各种羧酸以及酰胺类物质。可见，垃圾渗滤液的主要组分 HIA 和 HOA 中，包含了醇、醛、酮、羧酸、酯、烯烃和芳香族等多种有机化合物。

HIN 的红外吸收峰在 HIA 中都可以找到，仅缺少了代表 C =O 伸缩振动的 $1718cm^{-1}$ 和 $1701cm^{-1}$ 的红外峰，可以判断 HIN 组分中是以醇、胺类、氨基化合物及酰胺类物质为主。HOB组分红外光谱中，出现 8 个峰，分布比较清晰：$3599cm^{-1}$ 和 $3361cm^{-1}$ 是 O—H 伸缩振动羟基的振动吸收；$2997cm^{-1}$ 是 C—H 伸缩振动吸收；$1718cm^{-1}$ 是苯环的 C ═O 伸缩振动吸收；$1473cm^{-1}$ 表示 C—H 和 O—H 的面外弯曲；$848cm^{-1}$ 为苯环 C—H 面外弯曲振动，也是 CO_3^{2-} 的吸收峰；$594cm^{-1}$ 是 C—Cl 的伸缩振动吸收。可见，HOB 中是以 O—H 伸缩振动、苯环中的 C ═C 伸缩振动、脂肪族氯代化合物中的 C—Cl 伸缩振动伸缩振动为主。由此判断 HOB 组分主要包含氯代烃、饱和脂肪烃类物质、含苯环的醇类物质等。

HON 和 HIB 红外峰都较简单并且峰位相近，均在 $1400cm^{-1}$ 附近区域内出现强烈的吸收峰，这是由于 C—O 伸缩振动吸收。两者包括的官能团有：C—H、N—H 和 C—N，判断存在饱和烃类、胺类和氨基化合物等物质。另外，在 HON、HIB、HIA 和 HIN 四种组分中，没有出现 $848cm^{-1}$ 附近的 CO_3^{2-} 的吸收峰，这主要由于在提取过程中经过阴离子交换树脂后对 CO_3^{2-} 的吸附去除所致。

2.7 渗滤液 DOM 的荧光光谱分析

三维荧光光谱（3D‑EEM）是近年来发展起来的一门光谱分析技术，它能够同时直观地给出有机质不同组分的荧光图谱信息，目前主要用于与微生物活动有关的类蛋白质类物质的光谱信息和腐殖质类物质的结构变化信息[46]。荧光光谱是基于分析物质中含有大量带有各种低能量 $\pi-\pi^*$ 跃迁的芳香结构或共轭生色团以及未饱和脂肪链等来分析有机物的结构特征和种类组成，具有前处理简单、分析快捷、灵敏度高（10^{-9} 数量级）、用量少（1～2mL）和不破坏样品结构等优点。大多数有机物含有多种不同的荧光基团，其荧光特性包含了与结构、官能团、构型、非均质性、分子内与分子间的动力学特征等有关的信息。因此，荧光光谱广泛应用于不同来源 DOM 物质的组成特性分析。三维荧光光谱能够获得激发波长和发射波长同时改变的光谱信息，所反映的化合物荧光信息更加完整，可以将 DOM 中各种类型的荧光物质详细准确地表征出来，如类蛋白类物质、类腐殖质物质等。国内外应用三维荧光法分析天然水体和土壤中 DOM 的研究有大量报道[47~51]，近年来，污水中 DOM 荧光特性的研究在逐渐增多[52,53]，但应用三维荧光法分析垃圾渗滤液 DOM 的研究报道还不多[54,55]。本节采用三维荧光光谱分析法，通过等高线荧光光谱图，讨论了二妃山垃圾填埋场渗滤液中 DOM 及其各组分的荧光特性。

三维荧光技术是利用全部波长范围内的 E_x/E_m 相对应的荧光强度对样品进行分析。对于污水中三维荧光光谱所反映的物质种类，不同研究者的划分略有差异，这主要由于不同污水水质差异较大，干扰因素较多，导致有机物的荧光激发和发射峰出现偏移所致。2003 年，Chen 等[56]研究确定了一般污水中 DOM 的三维荧光峰位置所代表的物质类型，将 DOM 荧光图谱分为 5 个区域，对应于 5 类物质，依次为芳香性蛋白质 I、类色氨酸峰、富里酸类物质、微生物沥出物以及腐殖酸类物质，具体见表 1 - 2。本书参照已有文献[56~58]，确定了荧光光谱位置与物质类型间的对应关系，如表 2 - 9 所示。

表 2 - 9 DOM 的主要荧光峰

荧光峰	$E_x/$nm	$E_m/$nm	种类
Peak I	350 ~ 440	370 ~ 480	类腐殖酸
Peak A	240 ~ 280	370 ~ 480	紫外区类富里酸
Peak C	290 ~ 350	370 ~ 480	可见区类富里酸
Peak B	200 ~ 250	280 ~ 330	类酪氨酸
Peak D	200 ~ 250	330 ~ 370	类色氨酸

2.7.1 垃圾渗滤液 DOM 的三维荧光光谱

垃圾渗滤液 DOM 的三维荧光光谱如图 2 - 10 所示。由图 2 - 10 可以看出，稀释 300 倍后的垃圾渗滤液仍然在多个区域呈现出很强的荧光信号，其荧光峰主要位于两个比较大的区域，一个是 $E_x/E_m=$（200 ~ 250）nm/（340 ~ 480）nm，荧光信号非常强，

其峰中心位于 E_x/E_m = （200～250）nm／（400～450）nm，荧光信号超过 1000Rau，主要代表紫外区类富里酸（PeakA）；另一个区域是 E_x/E_m = （280～370）nm／（380～460）nm，荧光信号较强，属于可见区类富里酸和腐殖酸类物质。从整体上看，垃圾渗滤液囊括了表 2－9 内的所有物质的荧光峰位置，说明其成分复杂，有机物种类繁多。一般共轭体系越大，荧光强度越强，可以看出渗滤液中包含大量的共轭双键，这一点与其紫外和红外光谱分析得出的结论吻合。根据荧光峰位置和强度，类富里酸、类色氨酸和类腐殖酸物质是垃圾渗滤液的主要组成。有资料表明[56,59]，三维荧光光谱中类蛋白荧光峰的出现与微生物活动有密切关系，表明在二妃山垃圾渗滤液中微生物活跃，渗滤液 DOM 中含有大量的通过微生物产生的垃圾降解产物。另外，抗生素、杀虫剂、致癌物等异质性有机物（XOM）的荧光峰通常出现在类色氨酸峰附近[54]。

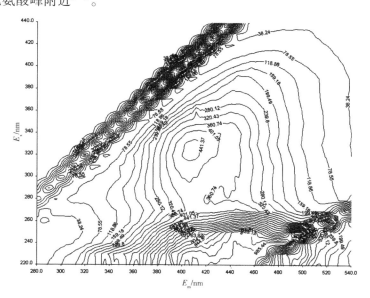

图 2－10　垃圾渗滤液 DOM 的三维荧光光谱

另外，二妃山垃圾渗滤液特征峰中心位于 E_x/E_m =（220～230）nm/（370～460）nm，这与 BakerAndy 等[54]的研究基本一致，表明渗滤液中含有大量紫外区类富里酸物质，是导致其可生化性差的主要原因。一般认为有机质腐殖化程度越高，苯环结构含量越多，芳烃类化合物缩合度越高，其对应腐殖质荧光峰的激发波长就越长[60]。Jouraiphy 和 Amir 等[61]指出随着垃圾填埋时间的延长，渗滤液富里酸会被逐渐降解，通过微生物作用合成更为复杂的腐殖质。可见，二妃山垃圾渗滤液尚处于"中年"渗滤液行列，这与其填埋龄吻合。

2.7.2　垃圾渗滤液 DOM 各组分的三维荧光光谱

图 2-11 表示垃圾渗滤液 DOM 各组分的三维荧光光谱。由图 2-11 可以看出，HOB 和 HIB 组分的荧光光谱图类似于垃圾渗滤液，说明这两种组分包含较多富里酸和腐殖酸类物质。另外，在 E_x/E_m =（250～390）nm/（370～480）nm 区域，HIB 的荧光信号强于 HOB，说明 HIB 组分中含有更多的腐殖酸物质。另外，HOB 和 HIB 组分在类酪氨酸和类色氨酸区域也出现较强荧光峰。

HOA 和 HIA 荧光峰均位于 E_x/E_m =（200～350）nm/（350～460）nm 区域，在紫外区类富里酸（PeakA）和可见区类富里酸（PeakC）都出现较强荧光峰，HOA 的紫外区荧光信号强于 HIA，可见区信号 HIA 的稍强，说明 HOA 含有较多紫外区类富里酸和较少可见区类富里酸，HIA 正好相反。

HON 组分在 E_x/E_m =（200～230）nm/（320～410）nm 出现较强荧光峰，可见 HON 含有大量紫外富里酸；HON 组分也出现可见区类富里酸峰，但强度相对较弱；另外，HON 组分还出现 E_x/E_m =（270～280）nm/（330～350）nm 的类色氨酸峰。HIN 组分在 E_x/E_m =（200～370）nm/（370～450）nm 区域出现较强的荧光峰，特别是在 E_x/E_m =（220～240）nm/（390～420）nm，

E_x/E_m = （210 ~ 330）nm/（380 ~ 420）nm，荧光强度达到 1000Rau，说明 HIN 组分主要包括紫外区类富里酸和可见区类富里酸。

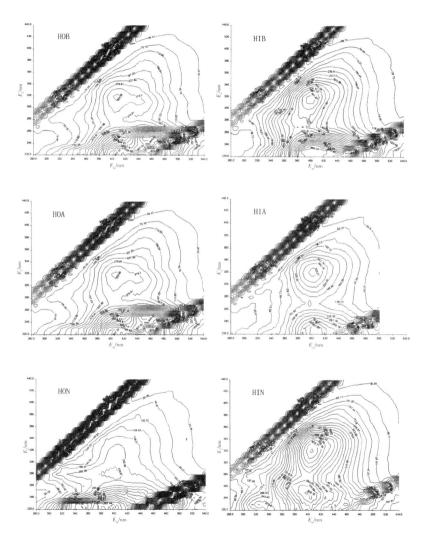

图 2 - 11　垃圾渗滤液 DOM 组分的三维荧光光谱

综上所述，HOB、HIB 和 HIN 三种组分的荧光信号都较强，包括 HON 组分在内，这四种组分几乎都包括了表 3－6 中的所有荧光峰，荧光峰出现位置主要集中在类腐殖酸，紫外区类富里酸、可见区类富里酸三个区域，与垃圾渗滤原液类似。但不同组分在不同荧光位置的信号强度差别较大，HOB 和 HIB 在紫外区类富里酸有较强荧光强度，HIN 在紫外区类富里酸（Peak A）、可见区类富里酸（Peak C）均有较强荧光强度，与前三者相比 HON 在各位置的荧光信号中等。而 HOA 和 HIA 的荧光强度整体较弱，可能是有机酸类物质的荧光特性较差所致。而且，DOM 各组分在包括类酪氨酸和类色氨酸的类蛋白区域也有较明显荧光峰，说明渗滤液中存在活跃的微生物活动[62]。

2.7.3　荧光指数分析

三维荧光光谱包含了 DOM 的全部指纹信息，但由于 DOM 的组成非常复杂，不同组分的荧光光谱可能发生重叠，因此完全识别三维荧光光谱中包含的信息有一定难度。荧光指数 $f_{450/500}$ 可清楚反映水体中 DOM 含有的腐殖酸的来源。据报道[63]，荧光指数能够指示有机物属于外源有机物还是内源有机物。外源有机物主要包括由地面径流和浅层地下水从土壤中渗沥出来的有机物。内源有机物主要来自于生长在水体中的生物群体所产生的有机物[56]。$f_{450/500} \leqslant 1.5$ 表明腐殖酸主要由陆源输入；$f_{450/500} \geqslant 1.9$ 表明腐殖酸主要由微生物产生[64~66]。渗滤液 DOM 及其各组分荧光指数如表 2－10 所示。

渗滤液 DOM 及其各组分的 $f_{450/500}$ 均大于 1.9，说明其中腐殖质主要为生物源；$f_{450/500}$ 还与富里酸芳香性之间具有负相关关系[67]，$f_{450/500}$ 值较高表明腐殖类物质芳香性较弱，含有的芳香环结构较少，进而说明二妃山垃圾渗滤液中微生物活动频繁。

表 2 − 10　DOM 组分的荧光指数（$f_{450/500}$）

取样	R	HOB$_R$	HOA$_R$	HON$_R$	HIB$_R$	HIA$_R$	HIN$_R$
$f_{450/500}$	2.4	2.7	2.4	2.3	2.8	2.5	2.8

2.8　本章总结

本章利用 XAD − 8 树脂串联技术分离提取了垃圾渗滤液 DOM 的六种不同组分，并通过多种高级分析技术，逐一解析了渗滤液 DOM 不同组分的结构和官能团特征，从物质结构和组成的角度比较了 DOM 不同组分的差异。主要得出如下结论。

1）二妃山垃圾填埋场渗滤液，COD$_{Cr}$ 浓度不高，以 DOM 为主；BOD$_5$/COD$_{Cr}$ 仅为 0.092，可生化性极差，以难降解有机物为主；渗滤液营养不均衡，尤其是磷含量低，偏碱性，且氨氮含量和色度都很高；具有成熟垃圾填埋场渗滤液的典型特征。

2）HOA、HON、HIA 和 HIN 占垃圾渗滤液 DOM 总量的 90% 以上，是渗滤液 DOM 的主要组成，其中含量最高的 HOA 超过 30%。

3）DOM 不同组分的平均分子量大多在 10kDa 以下，在 10kDa 以上的大分子量物质主要是 HIB 和 HIN，仅占渗滤液 DOM 总量的 10% 左右。其余组分分子量大多为 1 ~ 10kDa，低于 500Da 的组分含量很少。HOA 和 HIA 的组分分子量较小，但数目较多。渗滤液中以中分子量的黄腐酸类有机物为主，难以生物降解。

4）紫外光谱分析表明，渗滤液中存在多种含有共轭双键、羰基的大分子有机物及多环芳香类化合物，主要有芳香族和脂肪族化合物，以及酮类、酯类等物质。HOB 组分中芳香结构含量较多，HIA 组分中最少。亲水性组分取代基中羰基、羧基、羟基、酯类含量比较高，疏水性组分芳香环上的取代基以脂肪链为主。

5）红外光谱分析说明，渗滤液 DOM 中包括醛、酮、羧酸、酯、酰胺、氨基化合物、烯烃以及氯代脂肪烃类等多种有机物。HOA 中含量比较多的有氨基化合物、脂肪酸、芳香酸和不饱和烃类化合物等。HIA 组分中含有较多氨基化合物、脂肪酸、醛类、酮类、各种羧酸以及酰胺类物质。HIN 组分中是以醇、氨基化合物及酰胺类物质为主。HOB 组分主要包含氯代烃、饱和脂肪烃类物质、含苯环的醇类物质等。HON 和 HIB 主要包括饱和烃类、胺类和氨基化合物等物质。

6）荧光光谱分析说明，富里酸类物质、类色氨酸和腐殖酸类物质是垃圾渗滤液的主要组成。大量紫外区类富里酸物质的存在，是导致其可生化性差的主要原因。HOA 含有较多紫外区类富里酸和较少可见区类富里酸，HIA 正好相反。HIN 组分主要包括紫外区类富里酸和可见区类富里酸。HOB、HIB 和 HON 三种组分包括类腐殖酸，紫外区类富里酸、可见区类富里酸等物质。HOB 和 HIB 在紫外区类富里酸有较强荧光强度，HIN 在类富里酸有较强荧光强度，HON 在各位置的荧光信号中等；HOA 和 HIA 的荧光强度相对较弱。

参考文献

［1］张军政，杨谦，席北斗，等. 垃圾填埋渗滤液溶解性有机物组分的光谱学特性研究 ［J］. 光谱学与光谱分析，2008（11）：2583 – 2587.

［2］薛爽. 土壤含水层处理技术去除二级出水中溶解性有机物 ［D］. 哈尔滨：哈尔滨工业大学，2008.

［3］Ma H, Allen H E, Yin Y. Characterization of isolated fractions of dissolved organic matter from natural waters and a wastewater effluent ［J］. Water Res, 2001, 35（4）：985 – 996.

［4］Matamoros V, Mujeriego R, Bayona J M. Trihalomethane

occurrence in chlorinated reclaimed water at full-scale wastewater treatment plants in NE Spain [J]. Water Res, 2007, 41 (15): 3337 – 3344.

[5] He P J, Xue J F, Shao L M, Li G J, Lee D J. Dissolved organic matter (DOM) in recycled leachate of bioreactor landfill [J]. Water Res, 2006, 40 (7): 1465 – 1473.

[6] Xu Y D, Yue D B, Zhu Y, Nie Y F. Fractionation of dissolved organic matter in mature landfill leachate and its recycling by ultrafiltration and evaporation combined processes [J]. Chemosphere, 2006, 64 (6): 903 – 911.

[7] 方芳, 刘国强, 郭劲松, 等. 垃圾渗滤液中溶解性有机质研究进展 [J]. 水处理技术, 2009 (4): 4 – 8.

[8] Kjeldsen P, Barlaz M A, Rooker A P, Baun A, Ledin A, Christensen TH. Present and long-term composition of MSW landfill leachate: A review [J]. Crit Rev Env Sci Tec, 2002, 32 (4): 297 – 336.

[9] Harmsen J. Identification of Organic-Compounds in Leachate from a Waste Tip [J]. Water Res, 1983, 17 (6): 699 – 705.

[10] Schreier C G, Reinhard M. Transformation of Chlorinated Organic-Compounds by Iron and Manganese Powders in Buffered Water and in Landfill Leachate [J]. Chemosphere, 1994, 29 (8): 1743 – 1753.

[11] Calace N, Petronio B M. Characterization of high molecular weight organic compounds in landfill leachate: Humic substances [J]. J Environ Sci Heal A, 1997, 32 (8): 2229 – 2244.

[12] Bergstrom S, Svensson B M, Martensson L, Mathiasson L. Development and application of an analytical protocol for evaluation of treatment processes for landfill leachates. I. Development of an analytical

protocol for handling organic compounds in complex leachate samples [J]. Int J Environ an Ch, 2007, 87 (1): 1 – 15.

[13] 张军政, 杨谦, 席北斗, 魏自民, 何小松, 李鸣晓, 杨天学. 垃圾填埋垃圾渗滤液溶解性有机物组分的光谱学特性研究 [J]. 光谱学与光谱分析, 2008, 28 (11): 2583 – 2587.

[14] Hernandez-Ruiz S, Abrell L, Wickramasekara S, Chefetz B, Chorover J. Quantifying PPCP interaction with dissolved organic matter in aqueous solution: Combined use of fluorescence quenching and tandem mass spectrometry [J]. Water Research, 2012, 46 (4): 943 – 954.

[15] Nebbioso A, Piccolo A. Molecular characterization of dissolved organic matter (DOM): a critical review [J]. Anal Bioanal Chem, 2013, 405 (1): 109 – 124.

[16] 刘东, 孙建亭, 江丁酉, 等. 二妃山垃圾填埋场污染地下水的可能性分析 [J]. 地质科技情报, 2002, 21 (3): 79 – 83.

[17] 郭永龙, 王焰新, 蔡鹤生, 等. 垃圾填埋场渗滤液对地下水环境影响的评价 [J]. 地质科技情报, 2002, 21 (1): 87 – 90.

[18] Lou Z Y, Zhao Y C, Yuan T, Song Y, Chen H L, Zhu N W, Huan R H. Natural attenuation and characterization of contaminants composition in landfill leachate under different disposing ages [J]. Sci Total Environ, 2009, 407 (10): 3385 – 3391.

[19] 李朕, 尚丽平, 邓琥, 职统兴. 色氨酸和酪氨酸的三维荧光光谱特征参量提取 [J]. 光谱学与光谱分析, 2009, 56 (7): 1925 – 1928.

[20] Zhang L, Li A M, Lu Y F, Yan L, Zhong S, Deng CL. Characterization and removal of dissolved organic matter (DOM) from landfill leachate rejected by nanofiltration [J]. Waste Manage, 2009,

29 (3): 1035 – 1040.

[21] Theis T L, Young T C, Huang M, Knutsen K C. Leachate Characteristics and Composition of Cyanide-Bearing Wastes from Manufactured-Gas Plants [J]. Environmental Science & Technology, 1994, 28 (1): 99 – 106.

[22] Gau S H, Chow J D. Landfill leachate characteristics and modeling of municipal solid wastes combined with incinerated residuals [J]. J Hazard Mater, 1998, 58 (1 –3): 249 –259.

[23] Edzwald J K, Tobiason J E. Enhanced coagulation: US requirements and a broader view [J]. Water Sci Technol, 1999, 40 (9): 63 –70.

[24] Wang L S, Hu H Y, Wang C. Effect of ammonia nitrogen and dissolved organic matter fractions on the genotoxicity of wastewater effluent during chlorine disinfection [J]. Environmental Science & Technology, 2007, 41 (1): 160 –165.

[25] Fan H J, Shu H Y, Yang H S, Chen W C. Characteristics of landfill leachates in central Taiwan [J]. Sci Total Environ, 2006, 361 (1 –3): 25 –37.

[26] Marhaba T F, Pu Y, Bengraine K. Modified dissolved organic matter fractionation technique for natural water [J]. J Hazard Mater, 2003, 101 (1): 43 –53.

[27] Dilling J, Kaiser K: Estimation of the hydrophobic fraction of dissolved organic matter in water samples using UV photometry [J]. Water Res, 2002, 36 (20): 5037 –5044.

[28] Chian E S K, De Walle F B: Characterization of soluble organic matter in leachate [J]. Environmental Science & Technology, 1977, 11 (2): 158 –163.

[29] 陈少华, 刘俊新. 膜生物反应器处理垃圾渗滤液的效能

及有机污染物的分子量分布 ［J］. 科学通报，2006，51（15）：1757 - 1763.

［30］ Croue J P, Benedetti M F, Violleau D, Leenheer J A. Characterization and copper binding of humic and nonhumic organic matter isolated from the South Platte River：Evidence for the presence of nitrogenous binding site ［J］. Environ Sci Technol, 2003, 37（2）：328 - 336.

［31］ 陈少华，刘俊新. 垃圾渗滤液中有机物分子量的分布及在 MBR 系统中的变化 ［J］. 环境化学，2005，24（2）：153 - 157.

［32］ Wichitsathian B, Sindhuja S, Visvanathan C, Ahn KH. Landfill leachate treatment by yeast and bacteria based membrane bioreactors ［J］. Journal of Environmental Science and Health Part a-Toxic/Hazardous Substances & Environmental Engineering, 2004, 39（9）：2391 - 2404.

［33］ Berthe C, Redon E, Feuillade G. Fractionation of the organic matter contained in leachate resulting from two modes of landfilling：An indicator of waste degradation ［J］. J Hazard Mater, 2008, 154（1 - 3）：262 - 271.

［34］ Korshin G V, Li C W, Benjamin M M：Monitoring the properties of natural organic matter through UV spectroscopy：A consistent theory ［J］. Water Res, 1997, 31（7）：1787 - 1795.

［35］ Kang K H, Shin H S, Park H. Characterization of humic substances present in landfill leachates with different landfill ages and its implications ［J］. Water Res, 2002, 36（16）：4023 - 4032.

［36］ Christensen J B, Jensen D L, Gron C, Filip Z, Christensen TH. Characterization of the dissolved organic carbon in landfill leachate-polluted groundwater ［J］. Water Res, 1998, 32（1）：125 - 135.

［37］ Saintfort R. Fate of Municipal Refuse Deposited in Sanitary Landfills and Leachate Treatability ［J］. J Environ Sci Heal A, 1992, A27 （2）: 369 – 401.

［38］ Clement B, Thomas O. Application of Ultra-Violet Spectrophotometry and Gel-Permeation Chromatography to the Characterization of Landfill Leachates ［J］. Environ Technol, 1995, 16 （4）: 367 – 377.

［39］ Peuravuori J, Pihlaja K. Molecular size distribution and spectroscopic properties of aquatic humic substances ［J］. Anal Chim Acta, 1997, 337 （2）: 133 – 149.

［40］ 赵庆良, 张静, 卜琳. Fenton 深度处理渗滤液时 DOM 结构变化 ［J］. 哈尔滨工业大学学报, 2010, 42 （6）: 977 – 981.

［41］ 吴彦瑜, 覃芳慧, 赖杨兰, 等. Fenton 试剂对垃圾渗滤液中腐殖酸的去除特性 ［J］. 环境科学研究, 2010, 23 （1）: 94 – 99.

［42］ Leenheer J A, Croue J P. Characterizing aquatic dissolved organic matter ［J］. Environmental Science & Technology, 2003, 37 （1）: 18a – 26a.

［43］ 李雪冰. 纳米二氧化钛及其复合物的制备和性质研究 ［D］. 合肥: 中国科学技术大学, 2007.

［44］ Park S, Joe K S, Han S H, Kim H S. Characteristics of dissolved organic carbon in the leachate from Moonam sanitary landfill ［J］. Environ Technol, 1999, 20 （4）: 419 – 424.

［45］ Huo S L, Xi B D, Yu H C, Liu H L. Dissolved organic matter in leachate from different treatment processes ［J］. Water Environ J, 2009, 23 （1）: 15 – 22.

［46］ 李宏斌, 刘文清, 张玉钧, 等. 三维荧光光谱技术在水监测中的应用 ［J］. 光学技术, 2006, 32 （1）: 456 – 460.

［47］ Mounier S, Patel N, Quilici L, Benaim J Y, Benamou C. Fluorescence 3D de la matière organique dissoute du fleuve amazone: (Three-dimensional fluorescence of the dissolved organic carbon in the Amazon river) ［J］. Water Res, 1999, 33 (6): 1523 – 1533.

［48］ Zsolnay A, Baigar E, Jimenez M, Steinweg B, Saccomandi F. Differentiating with fluorescence spectroscopy the sources of dissolved organic matter in soils subjected to drying ［J］. Chemosphere, 1999, 38 (1): 45 – 50.

［49］ Rochelle-Newall E J, Fisher T R. Production of chromophoric dissolved organic matter fluorescence in marine and estuarine environments: an investigation into the role of phytoplankton ［J］. Mar Chem, 2002, 77 (1): 7 – 21.

［50］ Jaffé R, Boyer J N, Lu X, Maie N, Yang C, Scully NM, Mock S. Source characterization of dissolved organic matter in a subtropical mangrove-dominated estuary by fluorescence analysis ［J］. Mar Chem 2004, 84 (3 – 4): 195 – 210.

［51］ Fu P, Wu F, Liu C, Wang F, Li W, Yue L, Guo Q. Fluorescence characterization of dissolved organic matter in an urban river and its complexation with Hg (Ⅱ) ［J］. Appl Geochem, 2007, 22 (8): 1668 – 1679.

［52］ Henderson R K, Baker A, Murphy KR, Hambly A, Stuetz RM, Khan SJ. Fluorescence as a potential monitoring tool for recycled water systems: A review ［J］. Water Res, 2009, 43 (4): 863 – 881.

［53］ Wang Z, Wu Z, Tang S. Characterization of dissolved organic matter in a submerged membrane bioreactor by using three-dimensional excitation and emission matrix fluorescence spectroscopy ［J］. Water Res, 2009, 43 (6): 1533 – 1540.

［54］ Baker A, Curry M. Fluorescence of leachates from three

contrasting landfills [J]. Water Res, 2004, 38 (10): 2605 – 2613.

[55] Xi B D, Wei Z M, Zhao Y, Li M X, Liu H L, Jiang YH, He XS, Yang TX: Study on Fluorescence Characteristic of Dissolved Organic Matter from Municipal Solid Waste Landfill Leachate [J]. Spectrosc Spect Anal, 2008, 28 (11): 2605 – 2608.

[56] Chen W, Westerhoff P, Leenheer J A, Booksh K. Fluorescence Excitation-Emission Matrix Regional Integration to Quantify Spectra for Dissolved Organic Matter [J]. Environmental Science & Technology, 2003, 37 (24): 5701 – 5710.

[57] 韩宇超, 郭卫东. 九龙江河口有色溶解有机物的三维荧光光谱特征 [J]. 环境科学学报, 2009 (3): 641 – 647.

[58] 何品晶, 赵有亮, 郝丽萍, 等. 模拟废水高温厌氧消化出水中 SMP 的特性研究 [J]. 中国环境科学, 2010, 30 (3): 315 – 321.

[59] 何小松, 席北斗, 魏自民, 等. 堆放垃圾渗滤液水溶性有机物的荧光特性 [J]. 中国环境科学, 2010, 30 (6): 752 – 757.

[60] Shao Z H, He P J, Zhang D Q, Shao L M. Characterization of water-extractable organic matter during the biostabilization of municipal solid waste [J]. J Hazard Mater, 2009, 164 (2 – 3): 1191 – 1197.

[61] Jouraiphy A, Amir S, Winterton P, El Gharous M, Revel JC, Hafidi M. Structural study of the fulvic fraction during composting of activated sludge-plant matter: Elemental analysis, FTIR and C – 13 NMR [J]. Bioresource Technology, 2008, 99 (5): 1066 – 1072.

[62] 贾陈忠, 王焰新, 张彩香, 等. 垃圾渗滤液中溶解性有机物组分的三维荧光特性 [J]. 光谱学与光谱分析, 2012, 32 (6): 1575 – 1579.

[63] 薛爽, 梁雷, 赵庆良, 等. 二级处理出水中溶解性有

机物的荧光特性［J］．环境科学与技术，2010，33（7）：177－182.

［64］McKnight D M, Boyer E W, Westerhoff P K, Doran P T, Kulbe T, Andersen D T. Spectrofluorometric characterization of dissolved organic matter for indication of precursor organic material and aromaticity［J］. Limnol Oceanogr, 2001, 46（1）：38－48.

［65］De Azevedo J C R, Nozaki J. Fluorescence analysis of humic substances extracted from water, soil and sediment of the Patos Lagoon, MS［J］. Quim Nova, 2008, 31（6）：1324－1329.

［66］吉芳英，谢志刚，黄鹤，等．垃圾渗滤液处理工艺中有机污染物的三维荧光光谱［J］．环境工程学报，2009，3（10）：1783－1788.

［67］Wolfe A P, Kaushal S S, Fulton J R, McKnight D M. Spectrofluorescence of sediment humic substances and historical changes of lacustrine organic matter provenance in response to atmospheric nutrient enrichment［J］. Environmental Science & Technology, 2002, 36（15）：3217－3223.

第三章　光催化氧化处理垃圾渗滤液

　　光催化氧化降解技术始于 20 世纪 70 年代，是近几十年来才发展起来的高级氧化技术。最近十多年来，多相光催化氧化技术在净化气相和水相中有机污染物方面获得广泛应用，已成为污染物治理领域的重要应用技术。研究表明[1]，在适宜的条件下，光催化氧化技术几乎可以将所有有机物完全矿化为 CO_2、H_2O 以及其他简单低分子物质，大大降低有机物对生态环境和人体健康的危害。采用纳米 TiO_2 等半导体作为光催化剂对水中有机污染物进行光催化降解的研究，因具有高效、节能、工艺简单及无二次污染等特点，受到国内外学者的广泛关注，成为目前环境科学领域的一个有广阔应用前景的研究热点[2]。但是，目前该技术的研究大多数集中于对单一物质的处理，直接应用于实际废水处理研究的还较少，光催化氧化技术用于实际应用还存在许多亟待解决问题。

　　垃圾渗滤液是含有多种污染物的高浓度有机废水，由于不同地区、不同填埋时间、不同填埋方式及不同来源渗滤液的组成差别很大，极大增加了渗滤液处理工艺的选择难度。目前还没有一种全能的适合所有填埋场在整个运营期和监管期的渗滤液处理技术。改进现有垃圾渗滤液处理工艺，开发合理高效实用的渗滤液处理方法势在必行。许多研究表明[3~5]，光催化氧化技术对垃圾渗滤液具有较好处理效果，并且可以大大改善渗滤液的可生化性[6,7]。在半导体光催化反应体系中，光催化活性的高低是决定光催化反应速率快慢的主要因素。TiO$_2$光催化剂虽然具有较高的光催化活性，但在实际应用中其光催化降解效率并不高，如何提高反应速率和效率是关系到光催化技术能否投入实际应用的重要因素。而光催化反应速率的提高主要受催化剂晶体结构、催化剂投加量、污染物浓度和性质、反应温度、溶液 pH、光源和光照强度以及光催化反应器设计技术等多种因素的影响[8~11]。

基于此，本章以纳米 TiO$_2$ 为光催化剂，采用自制三相悬浮光催化氧化反应器，进行了实际垃圾渗滤液的光催化氧化处理研究。通过 BOD$_5$、COD$_{Cr}$、DOC、BOD$_5$/COD$_{Cr}$ 以及色度等多个指标的检测，考察了反应时间、曝气量、TiO$_2$投加量、pH 等因素对光催化处理效果的影响。在优化光催化氧化降解垃圾渗滤液处理条件的基础上，探讨了光催化氧化处理过程中垃圾渗滤液可生化性的改善和变化规律。

3.1　光催化氧化处理实验过程

3.1.1　实验材料

1. 光催化反应器

采用自制三相悬浮式光催化氧化反应器（见图 3－1）进行垃圾渗滤液光催化氧化处理。反应器主体是内径 5cm、高约 60cm 的有机玻璃柱，中间安装低压汞灯（灯体有效发光部分长约 35cm，直径 2.5cm，15W），底部安装有多孔筛板连接的曝气装置，反应器外壁连接回流冷却水套，控制反应器主体的温度，工作时整个装置置于暗箱中[12]。

该装置的主要特点是：工作时能保持反应器主体内反应液的

温度恒定；底部曝气不仅可以提供光催化反应所需要的氧气，而且可以使光催化剂保持悬浮状态，保证其与处理液中污染物充分接触，提高光催化反应效率。

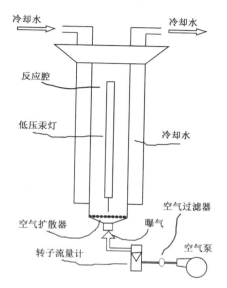

图 3 - 1　自制三相悬浮光催化反应器

2. 光催化剂纳米 TiO_2

光催化剂纳米 TiO_2 的性能如表 3 - 1 所示，使用前 200℃ 纯化 10h。

表 3 - 1　纳米 TiO_2 的性能

晶型	外观	二氧化钛含量（%）	平均粒径/nm	比表面积/（m^2/g）	表观密度/（g/cm^3）	水悬浮液pH
锐钛矿型	白色粉体	≥99.5	≤20	≥120	≤0.30	6～7

3.1.2 光催化氧化处理操作

准确移取 800mL 垃圾渗滤原液于 1L 的烧杯中，调节 pH，加入适量纳米 TiO_2，避光超声振荡 30min 后，立即转移到自制三相悬浮式光催化反应器中。开启光源（15W 低压汞灯，波长 253.7nm，光强为 $0.78mW/cm$）和曝气装置，调节曝气量，开始计时，进行光催化处理。每隔适当时间取样约 150mL，用 $0.45\mu m$ 微孔滤膜过滤后，4℃ 保存备用。其中 100mL 用于 GC/MS 分析，其余用于其他指标的分析。

在条件优化实验中，考察 pH 对处理效率的影响时，固定 $[TiO_2]$ = 2.0g/L，曝气量 1.5L/min，调节渗滤液 pH 值依次为 2.0、4.0、6.0、8.2、10.0。考察 TiO_2 投加量影响时，固定 pH = 4.0，曝气量 1.5L/min，调节 TiO_2 浓度依次为 0.0、0.5g/L、1.0g/L、2.0g/L、3.0g/L、4.0g/L。考察曝气量对渗滤液处理效率影响时，固定 pH = 4.0，$[TiO_2]$ = 2.0g/L，调节曝气量依次为 0.0、0.5L/min、1.0L/min、1.5L/min、2.0L/min、2.5L/min 进行光催化处理。

在整个处理过程中，为了避免取样体积对处理效果的影响，分别进行两个批次实验，第一批次每隔 6h、24h、48h 取样，第二批次每隔 12h、36h、60h 取样，72h 光催化处理样品由以下对比试验获得。为了考察取样体积对后续处理的影响，分别取初始体积为 800mL、500mL 和 300mL 垃圾渗滤液按上述操作进行 72h 光催化处理的对比试验，DOC 测定结果如表3-2所示，可以看出渗滤液处理体积变化对测定结果影响很小，即取样体积对后续处理没有抑制或促进作用。主要原因是：虽然取样会导致反应器内处理液体积发生变化，但是由于浸没于处理液中的光源有效发光体积也会按比例减小，因此光催化处理液本体实际接收的辐射效能并没有改变。

表 3 - 2　初始体积对光催化处理效果影响

初始体积/mL	800	500	300
DOC/（mg/L）	918	912	911

同步进行吸附暗反应实验和垃圾渗滤液直接光解实验。

溶解性有机物的测定：光催化处理液经 0.45μm 滤膜过滤（以下简称为处理液），测定处理液中的水溶性有机碳（DOC）含量即为 DOM，其浓度采用总有机碳/总氮分析仪（TOC/TNB）（Liquitoc，德国）测定。其他指标的测定参照第二章。

3.2　结果分析与讨论

3.2.1　TiO_2 对垃圾渗滤液的暗反应吸附试验

采用固体催化剂的多相反应过程，一般都包括三个阶段，即反应物的吸附、表面反应及反应产物的脱附。研究污染物在光催化剂表面的吸附平衡有十分重要的意义[13]。

TiO_2 是两性化合物，溶液的 pH 对 TiO_2 表面电荷的正负性有影响，进而可以影响污染物在 TiO_2 表面的吸附性能。不同的酸度条件，TiO_2 表面电荷分布存在差异，通常表现为 TiO_2 表面化学形态随溶液 pH 的改变而变化。依照金属氧化物在酸性条件下的表面复合效应分析，TiO_2 的等电点 pH = 6.25。在不同的 pH 下，TiO_2 表面具有不同的质子状态[14]。

当 pH > 6.25 时，溶液中的 TiO_2 表面以 –Ti–OH 为主，有利于带正电基团的吸附[15]；

$$\equiv Ti - O^- + H^+ \leftrightarrow \equiv Ti - OH^-$$

当 pH < 6.25 时，TiO_2 表面由于 H^+ 的集聚而表现为正电荷，即 –Ti–OH_2^+ 占主导，此时有利于带负电荷基团的吸附。

$$\equiv Ti - OH + H^+ \leftrightarrow \equiv Ti - OH_2^+$$

　　TiO₂对垃圾渗滤液的暗反应吸附试验结果如图3-2和图3-3所示。图3-2表示不同pH下TiO₂对渗滤液色度、DOC和COD的吸附去除率影响。可以看出，随着pH增大，TiO₂对垃圾渗滤液中色度、DOC和COD的吸附去除率逐渐减小，说明酸性条件有利于TiO₂对垃圾渗滤液有机物的吸附。但总体上看，TiO₂吸附对垃圾渗滤液色度、DOC和COD的去除率均低于3%，说明TiO₂对有机物的吸附能力并不强。

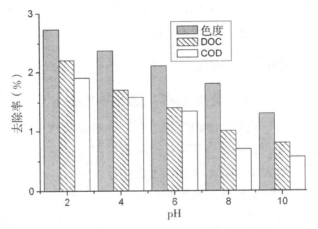

图3-2　初始pH对TiO₂吸附作用的影响

　　图3-3表示不同TiO₂用量对渗滤液色度、DOC和COD的吸附去除率影响。可以看出，随着TiO₂用量的增加，COD和色度的去除率增大；但是，即使TiO₂用量增加为4g/L时，这三个指标的去除率仍都低于5%；而TiO₂用量为2g/L时，色度、DOC和COD均低于3%。因此在以下试验中，不同TiO₂用量对垃圾渗滤液吸附去处的影响可以忽略。

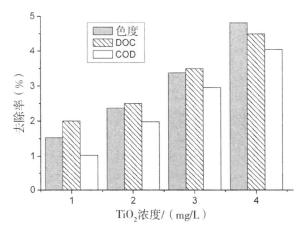

图 3 - 3　不同 TiO_2 浓度的吸附作用

3.2.2　渗滤液在不同 pH 下的直接光解

垃圾渗滤液在 253.7nm 低压汞灯辐射下的直接光解变化见图 3 - 4。

污水中的某些有机物在紫外光辐射下，可以直接分解，或完全矿化或转化为其他有机物。而且，体系 pH 对有机物的直接光解有较大影响。由图 3 - 4 可以看出，不同 pH 下紫外光直接光解对渗滤液 COD 的去处率有一定差异，在酸性条件下去除率较高；对 DOC 和色度的去除率具有相同规律（在 pH = 10 时，DOC 光解去除率有所回升例外）。当 pH = 2.0、处理 72h 时，直接光解的 COD 去除率可达 20% 以上，DOC 去除率约 15%，对色度的去除率近 10%，说明紫外光对垃圾渗滤液有一定直接光解作用。当然，由于渗滤液中成分复杂，其中可能存在光敏作用。所以，一般认为光催化处理过程是有机物的直接光解和光催化氧化协同作用的结果。

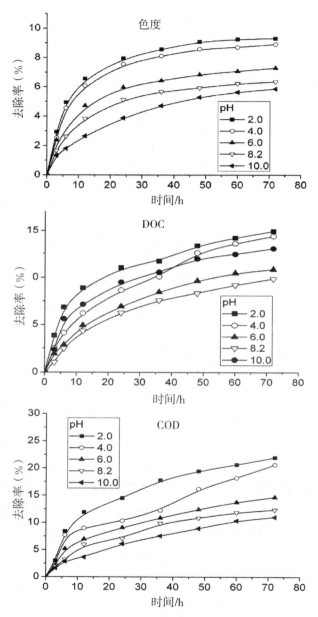

图 3 - 4　pH 对垃圾渗滤液直接光解的影响

3.2.3 初始 pH 对光催化效率的影响

溶液 pH 直接决定着光催化剂表面电荷的电性，对有机物分子在 TiO_2 表面的吸附和降解起着不可忽视的作用，所以光催化效率受 pH 影响比较大[16,17]。

有学者认为[18]，溶液初始 pH 对光催化降解动力学的影响较为复杂。这是因为纳米 TiO_2 是一种两性的金属氧化物，在水中等电点的 pH 为 5.6 ~ 6.4。当 pH 较低（小于等电点）时，TiO_2 表面因质子化而带有正电荷，这有利于光生电子（e^-）向 TiO_2 表面转移；当 pH 较高（高于等电点）时 TiO_2 颗粒表面带负电荷（OH^-），有利于孔穴由颗粒内部向表面的转移。可见，较低或较高的 pH 都可以抑制被激活的光生电子（e^-）和孔穴（h^+）重新相遇发生湮灭复合，因此都可能出现光催化的最高反应速率，此时比等电点时更有利于光催化降解反应的进行[19,15,16]。图 3 - 5 是不同 pH 对渗滤液 COD、DOC 和色度的光催化处理效果影响，可以看出，酸性条件下 COD、DOC 和色度去除率高于碱性条件；pH 越小，对色度的去除率越高；在处理 72h 时，对初始 pH 为 4.0 和 2.0 的渗滤液色度去除率均达到 97% 以上，没有显著差异；对 COD 的去除率 pH = 4.0 时高于 pH = 2.0，可以达到 60% 以上；pH = 2.0 时，DOC 的去除率略高。综合分析，本试验光催化处理垃圾渗滤液最佳初始 pH 确定为 4.0。

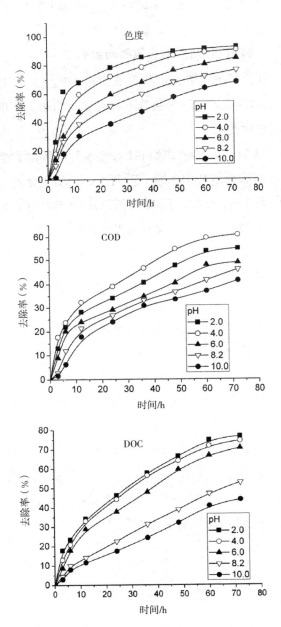

图 3 - 5　初始 pH 对光催化降解效率的影响

3.2.4　TiO₂投加量对光催化效率的影响

一般来讲，适量增加 TiO_2 浓度，能产生更多的活性自由基 – 光生电子（e^-）和孔穴（h^+）数目，同时增加反应物与催化剂颗粒表面的接触几率，提高渗滤液有机物的降解速率；而当 TiO_2 浓度过高时，一方面过量颗粒的存在会导致溶液浑浊度增加，引起光散射、光通路堵塞等现象，影响反应体系对光的充分吸收，使 TiO_2 颗粒表面接受紫外光的几率变小，导致反应速率和效率下降[20]；另一方面也可能导致 TiO_2 的聚集，减少了表面活性点位对有机物的吸附和对紫外光的吸收，从而降低了 $e^- - h^+$ 及 $\cdot OH$ 自由基的数量，影响有机物的降解效果，同时也造成催化剂浪费[21]。因此合适的催化剂用量是光催化氧化反应的一个重要因素。

图 3–6 表示不同 TiO_2 用量对 COD、DOC 和色度光催化去除效果的影响。由图 3–6 可以看出，TiO_2 用量对这三个指标去除率影响都较大。当 TiO_2 用量低于 2.0g/L 时，随着 TiO_2 用量的增加，COD 去除率增大；当 TiO_2 用量高于 2.0g/L 时，COD 去除率反而下降；对 DOC 的去除率有相同趋势。对色度的去除率除 TiO_2 用量为 3.0g/L 外，也有同样趋势。因此，确定本试验光催化处理垃圾渗滤液最佳 TiO_2 用量为 2.0g/L。

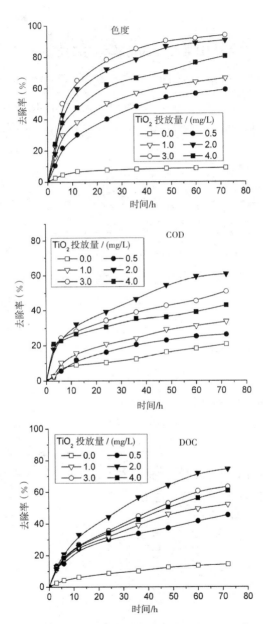

图 3−6 TiO₂ 投加量对光催化处理效果影响

3.2.5　不同曝气量对光催化效率的影响

曝气不但可以使光催化剂 TiO_2 保持悬浮，防止催化剂的集聚，增大其与污染物的接触几率，而且可以提供光催化反应所需的电子供给体，因此适当的曝气量对光催化效率有较大影响[10,22]。为了考察光催化反应器中曝气量对垃圾渗滤液处理效率的影响，选择曝气量分别为 0.0、0.5L/min、1.0L/min、1.5L/min、2.0L/min、2.5L/min 进行光催化处理。图 3-7 表示不同曝气量对 COD、DOC 和色度去除率的影响。

由图 3-7 可知，曝气量在 0.0 升高到 1.5L/min 的过程中，12h 的 COD 的去除率由 21.8% 升高到 32.5%，DOC 的去除率由 16.2% 升高到 31.8%，色度的去除率由 39.1% 升高到 67.2%；而曝气量继续增加至 2.0L/min 时，12h 的 COD 去除率反而下降到 31.2%，COD 去除率下降到 30.6%，色度的去除率下降到 64.8%：这说明并不是曝气量越大效率越高。当气体流量为 0 时，即不向反应器内通气，作为电子俘获剂的液相中的溶解氧逐渐降低，受到紫外激发的 TiO_2 光催化剂产生的电子 - 空穴复合率较高，仅有很少部分的电子被氧所俘获，剩余的空穴才得以氧化渗滤液有机物，因而其光催化降解效率较低。随着通气量的增大（ <1.5L/min），一方面，溶解氧的浓度升高，降低了光生电子空穴的复合，使光催化氧化效率提高；另一方面，反应器内部溶液中气泡逐渐增多，加大对溶液的扰动，使 TiO_2 光催化剂处于悬浮，催化剂、溶解氧和有机物的碰撞几率增大，提高了反应效率。然而，在更高的曝气速度下（ >2.0L/min），由于气泡产生的尾涡，大量的 TiO_2 颗粒被带入到反应器顶部液面上方，减小溶液本体受光辐射的催化剂数量。另外，大量的气泡也会增加对光辐射的阻挡作用，加速了光辐射强度的衰减，从而使得光催化反应的效率降低[23]。另外，通气量过大还会抑制氧接受光生电子的能力[24]。

溶解氧作为电子载体可以接受电子，从而抑制光生电子与孔穴的复合，提高了溶液中·HO 自由基的浓度，同时起到羟基化产物进一步氧化反应的作用，而且随之而生的氧生活性物种（如 HO_2^-、·O_2^- 以及 H_2O_2 等）对有机物具有直接氧化作用，加速了光催化氧化反应的进行[25]。有研究表明[26,27]，在无氧状态下羟基自由基的生成速率很低，羟基自由基的生成几乎停止。溶液中

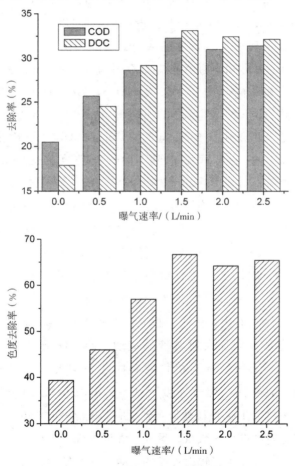

图 3-7　曝气量对光催化处理效果影响

氧的存在是光催化反应进行的前提，如果没有溶解氧，催化氧化反应将停止。结合本试验，在曝气量为零时渗滤液 COD、DOC 和色度有一定的去除率，主要是紫外光的直接光解作用和溶液中残留氧的存在以及 TiO$_2$ 的吸附所致；在避免直接光解反应和完全无氧的情况下，有机物的光催化反应进程将会降低直至停止[27,28]。

3.3　光催化氧化对渗滤液矿化度和可生化性的影响

光催化氧化对废水的降解程度一直是该法研究的热点之一。许多难降解有机物的试验室模拟研究表明，光催化氧化对有机物的降解是经过复杂的链式反应完成的。降解过程中会产生复杂的中间产物，这些中间产物又继续进行光催化反应，直至完全降解。在一定的条件下，究竟这些有机物的降解程度如何，是否完全矿化，可生化性的是否改变，产物的性质和结构如何变化等问题，一直受到研究者的关注。

3.3.1　优化条件下光催化处理效果

根据上节试验结果，UV – TiO$_2$ 光催化处理垃圾渗滤液的条件控制为 pH = 4.0，曝气速率 1.5L/min，TiO$_2$ 投加量为 2.0g/L 时，处理效果较好。图 3 – 8 表示在优化条件下，光催化处理过程中渗滤液色度、COD 和 DOC 的变化曲线。

由图 3 – 8 可以看出，随着处理时间的延长，色度、COD 和 DOC 的去除率有明显上升趋势；在处理的前 12h 内，以上三个指标的去除率急剧增加；在处理后期（60h 后），随着反应的进行，由于污染物浓度降低，对污染物的去除率趋于稳定，反应速率有所下降。当处理时间达到 72h 时，色度的去除率高达 97%，DOC 去除率约为 75%，COD 的去除率约为 60%。这说明光催化氧化对垃圾渗滤液具有较好降解效果，而且其脱色效率远快于 DOC 降解的速度，因此在降解过程中存在着无色的中间产物[29]。这一点与王怡中等[30]研究染料的太阳光催化氧化降解的结论一致。一般认为[31]，垃圾渗滤液中的色度主要来自于腐殖酸和偶氮化合物，说明这部分有机物在光催化处理过程中发生了明显光催化转化。

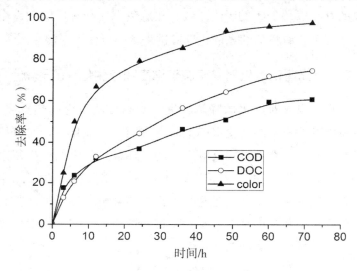

图 3 - 8   优化条件下 COD、DOC 和色度的去除率

3.3.2   光催化处理对渗滤液可生化性的影响

光催化氧化能够使带有苯环、羟基、—COOH、—SO_3、—NO_2 等取代基的有机化合物分解，从而提高废水的可生化性，降低废水的毒性[7,32]。图 3 - 9 表示光催化处理过程中 BOD_5 和 BOD_5/COD_{Cr} 的变化情况。可以看出，BOD_5 在处理开始阶段上升较快；在 36h 时达到最高，超过 400mg/L；其后缓慢降低，到 72h 时降低为约 360mg/L。这主要由于在光催化处理前期，垃圾渗滤液中的有机物中含有较多复杂结构的大分子难降解有机物，通过光催化处理转化为易于生物降解小分子有机物，使其可生化性大大提高；而在光催化处理后期，随着难降解有机物浓度的降低和小分子有机物的增加，渗滤液有机物种类发生较大变化，某

些新生成的 BOD 物质也开始发生光催化反应，导致 BOD 趋于平缓。重要的是渗滤液的初始 BOD/COD$_{Cr}$仅为 0.092，其可生化性极差；但在整个光催化处理过程中，BOD/COD$_{Cr}$一直上升，72h时已接近 0.4，说明光催化处理大大提高了渗滤液的可生化性。根据上节结论判断可能是腐殖质和富里酸类物质转化成小分子的容易生物降解的物质。

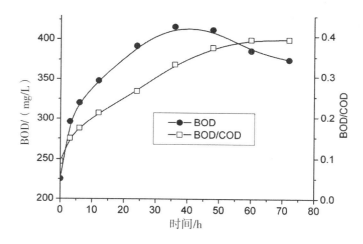

图 3-9　优化条件下 BOD 和 BOD/COD 的变化

3.4　本章小结

本章考察了光催化氧化处理垃圾渗滤液的主要影响因素，优化了其处理条件。在此基础上，讨论了光催化氧化处理过程中渗滤液矿化度和可生化性的改变，并通过不同处理条件下动力学模型拟合比较，确定了光催化处理垃圾渗滤液的反应动力学特征。主要得到以下结论。

1）二氧化钛吸附对有机污染物影响较小，对 COD、DOC 和色度去除率的影响均小于 3%；渗滤液的直接光解对各指标去除率的影响可以高达20%以上，因此光催化作用实际上是光降解与光催化的联合作用。

2）在自制的三相悬浮光催化反应器中，曝气量为1.5L/min，TiO_2投加量为2.0g/L，初始pH=4.0时，光催化处理垃圾渗滤液效果最佳；处理72h后，渗滤液色度去除率高达97%，COD去除率超过60%，DOC去除率近75%。

3）在优化条件下的处理中，BOD不断升高，处理36h时达到400mg/L，此后一直维持在360mg/L以上；BOD/COD由起始的0.092提高到72h的约0.4，说明光催化氧化可以大大改善渗滤液的可生化性。

参考文献

［1］ Arslan-Alaton I, Balcioglu I A. Heterogeneous photocatalytic treatment of dyebath wastewater in a TFFB reactor ［J］. Aatcc Rev, 2002, 2 (3): 33 – 36.

［2］ 邢丽贞，冯雷，陈华东. 光催化氧化技术在水处理中的研究进展 ［J］. 水科学与工程技术, 2008 (1), 7 – 10.

［3］ Cho S P, Hong S C, Hong S I. Photocatalytic degradation of the landfill leachate containing refractory matters and nitrogen compounds ［J］. Applied Catalysis B: Environmental, 2002, 39 (2): 125 – 133.

［4］ Wiszniowski J, Robert D, Surmacz-Gorska J, Miksch K, Malato S, Weber J V. Solar photocatalytic degradation of humic acids as a model of organic compounds of landfill leachate in pilot-plant experiments: influence of inorganic salts ［J］. Applied Catalysis B: Environmental, 2004, 53 (2): 127 – 137.

［5］ Renou S, Givaudan J G, Poulain S, Dirassouyan F, Moulin P. Landfill leachate treatment: Review and opportunity ［J］. J Hazard Mater, 2008, 150 (3): 468 – 493.

［6］ De Morais J L, Zamora P P. Use of advanced oxidation processes to improve the biodegradability of mature landfill leachates ［J］. J Hazard Mater, 2005, 123 （1 – 3）: 181 – 186.

［7］ Cho S P, Hong S C, Hong S I. Study of the end point of photocatalytic degradation of landfill leachate containing refractory matter ［J］. Chem Eng J, 2004, 98 （3）: 245 – 253.

［8］ 薛向东. 废水光催化处理特性及高效光催化反应器研究 ［D］. 西安: 西安建筑科技大学, 2002.

［9］ Merabet S, Bouzaza A, Wolbert D. Photocatalytic degradation of indole in a circulating upflow reactor by UV/TiO$_2$ process-Influence of some operating parameters ［J］. J Hazard Mater, 2009, 166 （2 – 3）: 1244 – 1249.

［10］ 贾陈忠, 王焰新, 张彩香, 等. UV – TiO$_2$光催化氧化降解双酚 A 的动力学研究 ［J］. 环境污染与防治, 2009 （11）: 48 – 52.

［11］ 张凌云, 张东翔, 黎汉生. 废水处理光催化反应器研究进展 ［J］. 水资源保护, 2006, 222 （4）: 6 – 10.

［12］ Jia C, Wang Y, Zhang C, Qin Q. UV – TiO$_2$ Photocatalytic Degradation of Landfill Leachate ［J］. Water, Air, and Soil Pollution, 2010: 1 – 11.

［13］ 常江. 纳米 TiO$_2$光催化氧化水体中有机酸的反应动力学研究 ［D］. 兰州: 兰州大学, 2008.

［14］ Minero C, Mariella G, Maurino V, Pelizzetti E. Photocatalytic transformation of organic compounds in the presence of inorganic anions. 1. Hydroxyl-mediated and direct electron-transfer reactions of phenol on a titanium dioxide-fluoride system ［J］. Langmuir, 2000, 16 （6）: 2632 – 2641.

［15］ Tsai W T, Lee M K, Su T Y, Chang YM. Photodegradation

of bisphenol-A in a batch TiO$_2$ suspension reactor [J]. J Hazard Mater, 2009, 168 (1): 269 –275.

[16] Zhao H, Xu S H, Zhong J B, Bao X H. Kinetic study on the photo-catalytic degradation of pyridine in TiO$_2$ suspension systems [J]. Catal Today, 2004 (93 –95): 857 –861.

[17] Chakrabarti S, Dutta B K. Photocatalytic degradation of model textile dyes in wastewater using ZnO as semiconductor catalyst [J]. J Hazard Mater, 2004, 112 (3): 269 –278.

[18] Daneshvar N, Rabbani M, Modirshahla N, Behnajady M A. Kinetic modeling of photocatalytic degradation of Acid Red 27 in UV/TiO$_2$ process [J]. J Photoch Photobio A, 2004, 168 (1 –2): 39 –45.

[19] Wu Y P, Zhang W M, Ma C F, Lu Y W, Liu L. Photocatalytic degradation of formaldehyde by diffuser of solar light pipe coated with nanometer titanium dioxide thin films [J]. Sci China Technol Sc, 2010, 53 (1): 150 –154.

[20] Parra S, Stanca S E, Guasaquillo I, Thampi K R. Photocatalytic degradation of atrazine using suspended and supported TiO$_2$ [J]. Appl Catal B-Environ, 2004, 51 (2): 107 –116.

[21] Alhakimi G, Studnicki L H, Al-Ghazali M. Photocatalytic destruction of potassium hydrogen phthalate using TiO$_2$ and sunlight: application for the treatment of industrial wastewater [J]. J Photoch Photobio A, 2003, 154 (2 –3): 219 –228.

[22] 罗建中, 齐水冰, 操洲杏, 等. 光催化氧化法处理垃圾填埋场渗滤液的研究 [J]. 环境污染与防治, 2001, 23 (2): 63 –65.

[23] 董双石. 基于流化床多相光催化 –臭氧氧化苯酚及动力学模型研究 [D]. 哈尔滨: 哈尔滨工业大学, 2009.

［24］李青松，高乃云，马晓雁，等．TiO₂光催化降解水中内分泌干扰物17β-雌二醇［J］．环境科学，2007，28（1）：120 - 125．

［25］Fan J F, Yates J T. Mechanism of photooxidation of trichloroethylene on TiO₂: Detection of intermediates by infrared spectroscopy［J］. J Am Chem Soc, 1996, 118（19）：4686 - 4692.

［26］Schwarz P F, Turro N J, Bossmann S H, Braun A M, Wahab A M A A, Durr H. A new method to determine the generation of hydroxyl radicals in illuminated TiO₂ suspensions［J］. J Phys Chem B, 1997, 101（36）：7127 - 7134.

［27］严晓菊．光催化 - 膜组合工艺去除腐殖酸的效能与机理研究［D］．哈尔滨：哈尔滨工业大学，2009．

［28］Yoshimura C, Fujii M, Omura T, Tockner K. Instream release of dissolved organic matter from coarse and fine particulate organic matter of different origins［J］. Biogeochemistry, 2010, 100（1 - 3）：151 - 165.

［29］贾陈忠，刘松，张彩香，等．光催化氧化降解垃圾渗滤液中溶解性有机物［J］．环境工程学报，2013，7（2）：451 - 456．

［30］王怡中．二氧化钛悬浆体系中八种染料的太阳光催化氧化降解［J］．催化学报，2000，（4）：327 - 331．

［31］Calace N, Petronio B M. Characterization of high molecular weight organic compounds in landfill leachate: Humic substances［J］. J Environ Sci Heal A, 1997, 32（8）：2229 - 2244.

［32］SafarzadehAmiri A, Bolton J R, Cater S R. Ferrioxalate-mediated photodegradation of organic pollutants in contaminated water［J］. Water Res, 1997, 31（4）：787 - 798.

第四章 垃圾渗滤液 DOM 的光催化转化规律

目前，越来越多的研究者认识到污水中 DOM 的含量和性质影响着其处理工艺的选择、运行条件的优化和处理效果的改善等多个方面。特别是对高浓度难降解有机废水，DOM 更起到决定性作用，直接决定各种处理技术的处理效率和出水水质[1,2]。由于不同来源的 DOM、同一来源 DOM 的不同组分在结构和性质方面有很大差异，因此即使采用相同处理工艺，对 DOM 不同组分的处理效果也不完全一样[3,4]。例如，常规的生物处理法对低分子量、腐殖化程度较高的富里酸处理效果非常差[5]，而对大分子量的糖类和蛋白类的处理效果较好。认识 DOM 不同组分在不同水处理过程中结构、性质和含量的变化，明确其转化机理，对改进水处理工艺、控制水处理参数以及避免后续二次污染和复合污染等有重要意义[6,7]。因此，掌握不同处理技术对 DOM 的作用机制及降解机理，能更准确地预测处理中间产物和处理效果，指导水处理工艺的选择和运行条件优化，进一步充实废水处理的基本理论。

近年来，对废水和污水处理过程中 DOM 不同组分降解规律的研究已逐渐引起研究者关注。例如，薛爽[8]采用 XAD 树脂分离技术将城市污水中的 DOM 分级成憎水性有机酸（HPO – A）、憎水性中性有机物（HPO – N）、过渡亲水性有机酸（TPI – A）、过渡亲水性中性有机物（TPI – N）和亲水性有机物（HPI）5 种组分，系统研究了土壤含水层处理技术对城市二级出水中 DOM 不同组分的去除情况；Tang 等[9]研究了膜技术处理城市污水过程中 DOM 4 种组分 HPO、TPI、HPI - C 和 HPI - N 的变化情况；曾凤等[10]利用离子色谱、荧光光谱和紫外光谱，研究了养猪废水水解酸化 - 好氧反应器内 DOM 的时空变化。Antony 等[11]研究了采用活性炭吸附处理后再经生物处理的造纸废水出水中 DOM 的性质和结构的变化。Yu 等[12]利用荧光主成分分析法结合同步荧光法研究了北京高碑店城市污水处理厂 22 个采样点水样中 DOM 的降解特性。杨赛（2014）等[13]以改良的 SBR - A/DAT - IAT 工艺为依托，对 A/DAT - IAT 工艺进水、连续曝气池（DAT）上清液及间歇曝气池（IAT）出水的 DOM 采用超滤膜法进行相对分子质量分级，并进行 TOC、UV254、3D - EEM 及发光菌毒性测试，探索市政污水毒性的主要物质来源。对比这些文献可以看出，不同类型来源废污水中 DOM 的组分、含量和性质并不相同，而且不同水处理技术对 DOM 不同组分的处理效果也有很大差异，因此目前对水处理过程中 DOM 组分变化特征及转化规律的认识还存在很多争议。

目前，对城市污水处理过程中 DOM 组分变化特征的研究在逐渐增多。何爱华等[14]采用树脂分离技术和超滤膜法对某城市污水处理厂生化处理后出水中 DOM 进行了分类分离；赵庆良等[15]研究了粉煤灰改性 SAT 处理系统对城市污水二级处理出水中 DOM 的去除效果；韩芸等[16]通过对 DOM 的三维荧光光谱（3D - EEM）分析及反应过程中三卤甲烷（THMs）生成量的连续测定，研究了在城市污水二级出水氯消毒过程中，DOM 中各类荧光物质随加氯反应时间的变化规律，探讨了其与 THMs 生成量之间的关系，推测了 THMs 的主要前驱物质；赵风云等[17]利用 XAD - 8 大孔树脂把某城市污水处理厂的厌氧 - 缺氧 - 好氧（A2O）工艺出水中的 DOM 物质按亲水性和憎水酸性进行组分分离研究；Greenwood 等[18]采用 GC－MS 研究了两个废水处理系统中 DOM 的分子结构特点；González 等[19]研究了采用高级氧化处理法（UV/H_2O_2 氧化法和臭氧氧化法）对标准活性污泥法和生物膜处理系统出水中进行深度处理过程中 DOM 的变化特征；Tang 等[20]研究了臭氧氧化法处理城市污水二级出水过程中，DOM 对雌激素类物质活性的影响。金鹏康等[21]运用反渗透技术对城市处理厂进出水中的溶解性有机物（DOM）进行浓缩富集，利用 DAX－8 大孔树脂将 DOM 分为亲水物质（Hy I）、类富里酸（FA）和类腐殖酸（HA）3 种组分，研究了进出水中 DOM 组分的分子量变化。这些研究仅对城市污水进出水中 DOM 组分的变化进行对比分析，而对城市污水处理过程中不同处理单元对 DOM 不同组分降解规律的报道很少，也没有深入探讨城市污水处理过程中 DOM 不同组分的转化历程和转化机理。

诸多研究表明，结构不同的有机物或者同一有机物在不同环境介质中的光催化降解规律、降解途径及降解机理并不完全相同。目前公认的描述光催化反应机理的观点是半导体电子－空穴理论（e^-－h^+），大多是基于实验室模拟单一有机物作为研究对象的实验结果，对于多组分共存的复杂体系，特别是以实际废污水作为研究对象的光催化降解机理研究的报道很少[22]，导致光催化氧化理论与实际情况有较大差距。在多组分共存的实际废水中，存在一些可以被优先降解的有机物，究竟含有哪些官能团的物质更易发生光催化反应、哪些在光催化作用下又相对稳定，这些问题都需要深入探讨。另外，有机物在光催化降解过程中会生成一系列中间产物，可能某些中间产物比母体分子的毒性还大，应该更加关注。由于实际废水的复杂性和不确定性，目前还没有较好的方法来精确描述光催化处理过程中的复杂多重反应机理，严重制约光催化氧化技术的发展和应用。根据光催化反应的现有理论，发生光催化反应的物质往往具有易于与羟基或者光催化反应的其他活性自由基（包括 e^-、h^+、O^{2-}、$\cdot HO_2$、H_2O_2 等）结合的官能团，以物质官能团和性质分类来研究不同类型有机物的光催化反应机理，具有较强的可行性和实际意义。按亲水性和酸碱性差异分组的 DOM 不同组分正是基于不同类型官能团的分类，因此研究污水处理过程中 DOM 不同组分的光催化降解机理可以从实际应用的角度充实光催化氧化基本理论。

众所周知，目前对废水和污水排放标准的要求越来越严格，传统的生化法、简单物化法等对废污水很难达到满意的处理效果，常规处理后的排放水中仍然含有大量 DOM[23]。垃圾渗滤液是一种高浓度难降解有机废水，不同区域、不同填埋时间、不同来源的渗滤液中 DOM 组成差别很大。目前已有不少学者致力于垃圾渗滤液 DOM 的结构特性及其对周围环境影响的研究[24,25]，也有部分学者开始研究各种不同处理工艺中渗滤液 DOM 的变化特性和规律[26,27]。但是由于渗滤液 DOM 的复杂性、多样性和变化性，以及不同水处理方法对 DOM 处理效果的差异性，目前还没有统一的方法和标准保证 DOM 研究结果的可靠性和准确性，因此 DOM 的研究还存在许多亟待解决的问题[28,29]。对于水处理过程中 DOM 不同组分变化规律及降解机理的研究正处于探索阶段。另外，由于垃圾渗滤液的组分复杂多变，目前还没有一种能满足其各个填埋阶段的污水处理技术。光催化氧化属于高级氧化技术（Advanced Oxidation Process，AOPs）的一种，近年来开发的纳米 TiO_2 光催化剂由于具有无毒、廉价、耐紫外光腐蚀、耐强酸强碱和耐强氧化剂等特点，以及催化活性高和反应条件温和等优点，使其在污水处理、空气净化、太阳能利用、抗菌、防雾和自洁净等领域的应用前景受到广泛关注[30]。UV/TiO_2 光催化氧化技术具有工艺简单、能耗低、效率高、易操作、无二次污染等特点，被认为是降解持久性有机污染物最有前途、最有效的处理方法之一[31,32]。目前光催化技术对废水和污水的处理研究主要局限于对常规指标 BOD、COD、TOC、可生化性、色度和氨氮等宏观指标的考察[33]，还没有形成完整的理论和能较好应用于实践的光催化处理工艺，其中一个重要原因就是对复杂体系有机物的光催化转化规律和机理认识不清，对于光催化氧化处理过程中 DOM 的变化规律、转化特征、降解机理及不同组分降解差异的研究还没有系统报道。

基于以上认识，本章在前期工作的基础上，通过多种高级分离分析手段的结合，详细研究了光催化氧化过程中渗滤液 DOM 不同组分的含量、分子量分布及光谱学特征的变化，讨论了渗滤液 DOM 组分的结构、官能团、分子量和物质组成等的光催化转化规律。

4.1 光催化处理渗滤液 DOM 不同组分的含量变化

第三章实验结果表明 DOM 是垃圾渗滤液有机物的主要组成，占渗滤液总有机物的 90% 以上，因此光催化氧化对垃圾渗滤液中有机物的降解效果，受到渗滤液 DOM 降解效率的控制。图 4 - 1 是不同时间光催化处理液 DOM 组分的分布变化，可以看出，HIA 组分的比例持续增加，由起始的 17.04% 增加为 72h 的近 70%；HIB 组分比例由 3.6% 增加为 6.94%；HOA 组分在处理过程中比例持续下降，由起始的 30.52% 下降为 72h 的 8.1%，下降最为明显；HON、HIN 和 HOB 组分比例也不同程度下降。在处理 60h 后，除 HIA 外，其他组分的比例均维持在 10% 以内。在 72h 处理液中，各组分比例依次为 HIA > HOA > HIB > HIN > HON > HOB。可见，HIA 组分比较稳定，难以光催化降解，说明制约光催化氧化处理效率提高的主要是 HIA 组分。

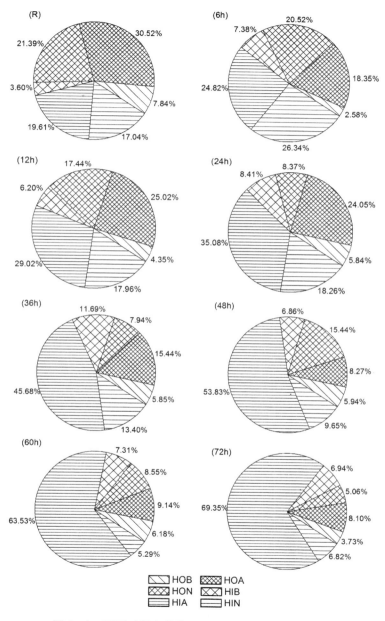

图 4-1 不同时间光催化处理液中 DOM 组分的占比

　　图 4 - 2 是垃圾渗滤液不同时间光催化处理液中 DOM 6 种组分的含量变化情况。由图 4 - 2a 可知在光催化处理初始 6h 内，HOB 明显下降；6 ~ 12h，又略有上升；12h 后，HOB 又呈下降趋势，但变化速率较小。HON 在光催化处理 6h 内快速降低，6 ~ 12h

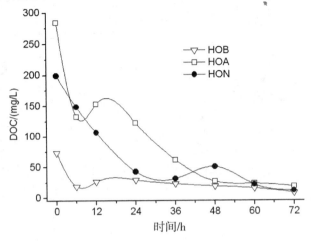

（a）憎水性物质

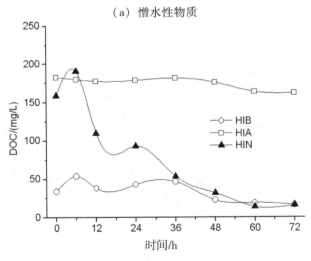

（b）亲水性物质

图 4 - 2　光催化处理过程中不同组分的含量变化

略有升高；12~48h，明显下降；48h 后趋于平稳。HOA 在初始 24h 内快速降低，36~48h 略有升高，其后下降并趋于平稳。由图 4－2b 可以看出，处理过程中 HIA 变化很小，基本稳定在 160~180mg/L；HIB 的变化比较复杂，在处理 6h 内上升，6~12h 下降，12~48h 上升，之后略有下降，60~72h 时稳定在 20mg/L 左右；HIN 组分除在起始 6h 内有明显上升外，总体呈下降趋势，在 6~12h 下降速率较快，直到 60h 后，趋于稳定。整体上看，DOM 各组分除 HIA 外，在光催化处理过程中均呈下降趋势，但下降到 20mg/L 以下后趋于稳定。说明光催化氧化能有效作用于渗滤液 DOM 中的绝大部分物质，但对 DOM 不同组分的作用效率和规律差异较大。值得注意的是在整个处理过程中，HIA 组分的变化很小，说明光催化氧化对 HIA 组分的作用不明显，可能有两个原因：一是光催化氧化对 HIA 组分的降解作用本身就不显著；二是由于 HIA 在降解的同时又通过其他组分的光催化转化得到补充。另外，整体上看光催化氧化作用对疏水性和亲水性组分没有明显降解差异。

4.2 DOM 不同组分的分子量变化

从分子量的角度表征和推断有机物的理化性质，是研究天然有机物的一种常见的方法[15,16]。尤其在研究天然有机物的氧化技术中，分子量分布的改变可以直观地反映出天然有机物经氧化前后分子量的改变，进而表达和判断有机物结构和性质的变化[34~36]。分析渗滤液中 DOM 的分子量分布，对于深入研究渗滤液的水质特征具有重要的意义[37,38]。本节讨论了光催化处理过程中渗滤液 DOM 及其不同组分的分子量分布特征及变化规律。

4.2.1 光催化处理液 DOM 的分子量分布

图 4－3 是不同时间光催化处理液 DOM 的 GPC 图谱，表4－1 为由此计算出的重均分子量（M_w）、数均分子量（M_n）以及多分散性系数 D。

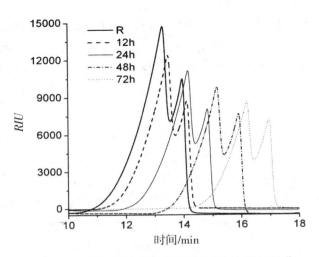

图 4 - 3   不同时间光催化处理液 DOM 的 GPC 图谱

由图 4 - 3 可以看出，随着光催化处理时间的延长，处理液 DOM 的保留时间增大，说明在光催化作用下渗滤液 DOM 的高分子组分不断被破坏，小分子量组分持续增加。不同时间光催化处理液的 GPC 图谱一直保持双峰，而且峰高随处理时间的延长不断下降，说明光催化处理过程中 DOM 总体含量在降低，分子量分布范围在相应变宽。垃圾原液分子量分布于 4 ~ 30kDa，光催化处理液分子量分布依次为 12h：2.5 ~ 25kDa；24h：1.3 ~ 14kDa；48h：0.6 ~ 8kDa；72h：0.3 ~ 3kDa。可见光催化处理能使 DOM 中高分子组分降解为低分子物质[39]。这与 Huang 等人[40] 发现光催化能将天然大分子量有机物氧化成小分子量的结论一致。

由表 4 - 1 可以看出，随着处理时间延长，光催化处理液的多分散系数 D 增大，说明其分子量分布范围变宽。从处理过程中重均分子量（M_W）不断降低可以推断，光催化处理使得大分子物质不断分解；结合数均分子量（M_n）不断降低，可以推断光催化处理使得有机物的含量不断降低，这一点与 DOC 的测定结果一致。

表 4 – 1　不同时间光催化处理液的分子量分布

t/h	R	12	24	48	72
M_w/Da	43973	33143	22822	9716	5271
M_n/Da	8479	5866	3495	1390	724
D	5.19	5.65	6.53	6.99	7.28

4.2.2　光催化处理液 DOM 不同组分的分子量分布

图 4 – 4 表示不同时间光催化处理液 DOM 组分的 GPC 图谱。由图 4 – 4 可知，光催化处理过程中 DOM 不同组分的分子量均有明显变化，表现为处理过程中不同组分 GPC 图谱保留时间 t_R 的改变。各组分分子量变化规律如下。

憎水碱性物质 HOB 在垃圾渗滤原液中呈明显双峰，分子量分布在 4 ~ 25kDa，峰值分子量集中于 20kDa 左右；处理 12h 后，分子量分布区域没有明显变化，但其 RID 信号大幅度减低，表明 HOB 浓度明显减小；处理 24h 后，分子量分布于 1 ~ 2.5kDa，分子量分布区域大幅度减小；48h 光催化处理液中，分子量分布在 0.8 ~ 1.5kDa；继续处理到 72h 光催化处理液中，分子量分布在 0.4 ~ 1kDa。可见，光催化处理过程中，憎水中性物质 HOB 的分子量有显著减小趋势。

亲水碱性物质 HIB 在垃圾原液中分子量分布于 20 ~ 60kDa；处理 12h 后，分子量分布变化不明显，分布范围有轻微拓展，并且其峰值 RID 信号升高，表明有新的 HIB 物质生成；处理 24h 后，分子量分布于 15 ~ 50kDa；48h 光催化处理液中，分子量分布于 15 ~ 40kDa；72h 光催化处理液中，分子量分布于 4 ~ 12kDa。可见，光催化处理前期，HIB 分子量没有明显变化，浓度的变化也不明显；光催化处理后期（48h 后），HIB 的分子量显著减小，浓度明显降低。

憎水酸性物质 HOA 在垃圾原液中分子量分布于 2～20kDa；处理 12h 后，分子量分布发生明显变化，分布于 10～25kDa；处理 24h 后，分子量分布于 10～28kDa；48h 光催化处理液中，分子量分布于 13～50kDa；72h 光催化处理液中，分子量分布于 20～50kDa。可见，光催化处理过程中，憎水酸性物质 HOA 的分子量有显著增大趋势，但其 RIU 信号不断下降，说明随着处理时间延长 HOA 组分浓度在降低，推断 HOA 组分可能发生了较多聚合反应。

亲水酸性物质 HIA 在垃圾原液中分子量分布于 2～6kDa；处理 12h 后，分子量分布没有明显变化，浓度变化也不明显；处理 24h 后，分子量分布于 1～5kDa；48h 后分量分布于 0.6～3kDa；72h 后分子量分布于 0.4～3kDa。可见，光催化处理过程中，亲水酸性物质 HIA 有逐渐减小趋势，其浓度也随着处理时间延长而降低，并且在处理 72h 时出现明显 RID 双峰，说明有新的 HIA 物质生成。这一点解释了图 4-1 中 HIA 含量变化较小原因。

憎水中性物质 HON 各样品 RID 谱图呈明显双峰。在垃圾原液中，分子量分布于 1.5～55kDa；处理 12h 后分子量分布于 2～55kDa，浓度有轻微下降；24h 分子量分布于 1.5～50kDa；48h 分子量分布于 1.2～50kDa；72h 分子量分布于 0.6～15kDa。可见，在光催化处理 48h 内，HON 分子量有减小趋势，但变化不明显；光催化 72h 时，分子量大幅度减小。在整个处理过程中其浓度随处理时间延长而逐渐降低。

亲水中性物质 HIN 在垃圾原液中分子量分布于 10～80kDa；12h 分子量分布于 16～80kDa，伴有浓度轻微下降；24h 分子量分布于 20～80kDa；48h 分子量分布于 18～70kDa；72h 分子量分布于 17～50kDa。可见，光催化处理过程中，HIN 分子量分布有减小趋势，但与其他组分相比并不明显；并且光催化处理使分子量分布更加集中，其浓度随着处理时间延长而逐渐降低。

综合以上分析可以看出，HOB、HIB、HIA 以及 HON 组分在光催化处理后，分子量呈减小趋势；其中 HOB 减小最为明显，由起始 4~25kDa，减小为 0.4~1kDa。而 HOA 和 HIN 分子量呈增加趋势，其中 HOA 分子量增加明显，在垃圾原液中分子量分布于 2~20kDa，72h 光催化处理液中为 20~50kDa。随着处理时间延长，各 DOM 组分的 RID 信号均降低，说明其浓度下降。

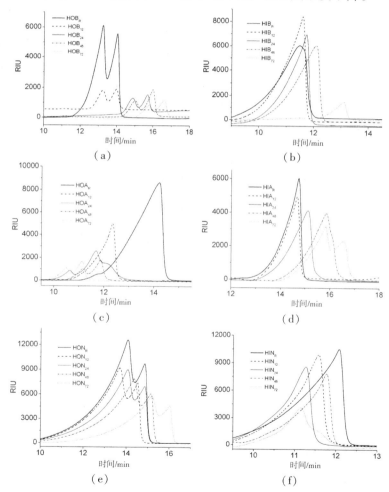

图 4-4　光催化降解过程中 DOM 不同组分的分子量分布变化

根据样品 GPC 谱图，利用 GPC – Addonsoftware 计算渗滤液及 DOM 各组分的平均数均分子量（M_n）、平均重均分子量（M_w）以及多分散性（$D = M_w/M_n$），如表 4 – 2 所示。可以看出，随着光催化处理时间的延长，垃圾渗滤原液 DOM 的多分散性逐渐升高，说明其 DOM 的分子量分布更加分散，并且向小分子范围拓展，平均分子量逐渐降低。但对于不同 DOM 组分变化各不相同。HOB、HOA、HON 以及 HIA 四种组分分子量的多分散性增大，分子量的分布范围变宽；HIB 组分却正好相反；而 HIN 组分的 D 值变化没有明显规律。可以判断，HOB、HOA、HON 以及 HIA 四种组分发生了明显光催化转化，这几种组分在渗滤液 DOM 中占主导地位。

表 4 – 2 不同时间光催化处理液中 DOM 组分的分子量

		DOM	HOB	HOA	HON	HIB	HIA	HIN
R	M_w/Da	43973	35588	5993	44220	124500	9932	16500
	M_n/Da	8479	3613	3877	3796	33500	2386	13780
	D	5.19	9.85	1.546	11.65	3.717	4.162	1.197
12h	M_w/Da	31992	9917	16650	91275	45610	7683	88094
	M_n/Da	5732	2126	11260	4688	25590	2261	30440
	D	5.590	4.665	1.479	19.47	1.782	3.398	2.237
24h	M_w/Da	15689	3457	72150	83878	44470	8377	54652
	M_n/Da	2722	1225	14060	3265	21720	1304	34810
	D	5.764	2.821	5.131	25.69	2.047	6.425	1.57
48h	M_w/Da	6803	5368	105478	87701	30937	2460	32910
	M_n/Da	1092	1100	15320	2275	17390	840	26220
	D	6.230	4.879	6.885	38.55	1.779	2.929	1.256

		DOM	HOB	HOA	HON	HIB	HIA	HIN
72h	M_w/Da	5699	5021	387600	55487	11060	32910	32587
	M_n/Da	873	693	34600	1104	6376	739	28560
	D	6.528	7.246	11.2	50.26	1.734	44.53	1.141

4.3　DOM 不同组分的光谱学变化

4.3.1　DOM 的紫外光谱变化

1. 光催化处理液 DOM 的紫外吸收光谱

光催化处理垃圾渗滤液过程中 DOM 的紫外吸收光谱变化如图 4-5 所示。由图 4-5 可以看出，不同时间光催化处理液的紫外光谱发生明显变化，紫外吸光度主要出现在 200~275nm 范围内。随着处理时间延长，光催化处理液的紫外吸收光谱明显减小，表明经过光催化处理后渗滤液中有机物的浓度大幅度减低；

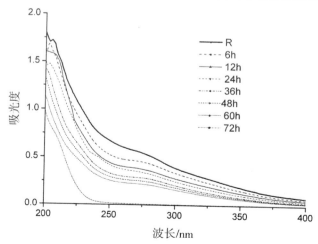

图 4-5　不同时间光催化处理液 DOM 的紫外光谱

可以推断渗滤液中有机物的光催化降解主要是芳香族化合物和不饱和化合物结构的破坏[38,41]。另外，在光催化处理前期（24h内），有新的吸收峰出现，说明有新的物质生成。整体上看，不同时间光催化处理液紫外光谱形状基本相似，说明光催化处理液 DOM 具有基本一致的结构单元和官能团，但吸光度随处理时间明显下降，说明 DOM 含量降低。各处理液在可见区都没有出现明显吸收，表明没有新的生色团物质生成。综合以上分析，光催化处理液在宏观上表现为的色度、COD 和 DOC 的显著降低。

表 4-3 表示处理液 DOM 的 $SUVA_{254}$ 和 UV_{253}/UV_{203} 值。相对紫外吸光率 $SUVA_{254}$ 反映水中有机物的芳香性及不饱和双键或芳香环有机物相对含量的多少[42]。一般认为随着光催化处理的进行，芳香环遭到破坏数目减少；在表 4-3 中，随着光催化处理时间的延长，$SUVA_{254}$ 一直增加，直到 60h 达到 1.9054，分析可能是由于芳香环不断破坏导致处理液中不饱和双键增加所致；在 72h 处理液中，$SUVA_{254}$ 急剧降低，可以推断其中双键及芳香环有机物含量大幅度减低，光催化氧化达到较适当处理时间。由 UV_{253}/UV_{203} 值可知，与渗滤液相比，光催化处理液中芳香环上的取代基中羰基、羧基、羟基、酯类含量减少；在 72h 处理液中，这些官能团由于光催化作用消耗殆尽。

表 4-3　光催化处理液 DOM 的 $SUVA_{254}$ 和 UV_{253}/UV_{203}

min/h	R	6	12	24	36	48	60	72
$SUVA_{254}/$ [L/（mg·m）]	1.4079	1.3856	1.3853	1.5625	1.5971	1.7313	1.9054	1.2170
UV_{253}/UV_{203}	0.3820	0.3027	0.2685	0.2727	0.2374	0.2404	0.2455	0.1700

2. 光催化处理液 DOM 的紫外吸收光谱

光催化处理过程中 DOM 不同组分的紫外吸收光谱如图4-6

所示。在图 4 - 6 中，DOM 各组分吸光度集中在 200 ~ 275nm，与垃圾渗滤液相似。

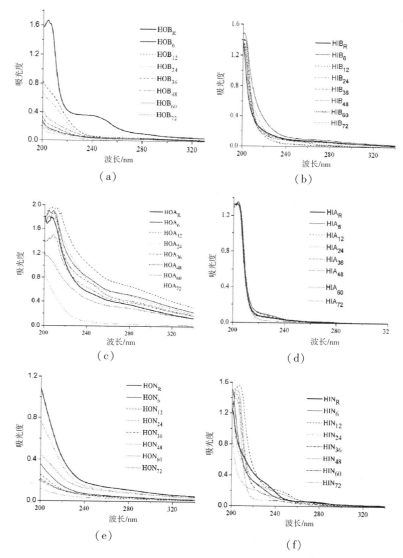

图 4 - 6　光催化处理过程中 DOM 不同组分的紫外光谱

　　HOB、HON、HOA 和 HIN 四种组分的紫外光谱图随着光催化处理时间的延长，有明显变化，但变化规律差异较大。HOB 在起始 6h 内、吸光度大幅度降低；6～12h 又急剧升高，此后随处理时间延长吸光度逐渐减低。HON 在 12h 内，吸光度下降；12～24h，又大幅上升；此后一直下降。HOA 组分在前 36h 内，吸光度高于垃圾原液；此后，吸光度大幅度下降。HIN 组分的紫外吸光度变化较为复杂，在 60h 内没有明显规律，但在 72h 处理液中，紫外吸光度有明显降低。最值得注意的是，不同光催化处理液 HIA 组分的紫外光谱图几乎没有变化。HIA 紫外吸收光谱的稳定性与 4.2.2 节中分析的分子量分布变化的结果吻合。HIB 除在 6h 处理液中吸光度有轻微上升，在其他处理液中紫外光谱图没有显著变化。以上现象说明，处理液中 HIA 和 HIB 对紫外光谱的变化贡献不明显，可能由于光催化处理过程中这两类物质的官能团数量和类型没有发生显著变化。

4.3.2　DOM 的红外光谱变化分析

　　不同时间光催化处理液 DOM 红外光谱如图 4－7 所示，主要红外吸收峰的位置列于表 4－4。与垃圾渗滤原液相比，各光催化处理液 DOM 中红外吸收峰的数目明显减少，强度也有明显变化，说明光催化处理能有效降解渗滤液 DOM。在处理 12h 时，4000～3000cm^{-1} 的吸收带强度和数量的减小尤其明显，表明自由羟基 O—H 伸缩振动和芳环 C－H 伸缩振动吸收大幅度减弱[43,44]，说明光催化氧化对含有羟基的化合物有明显降解作用[45]。此后的处理液中，这一区域吸收谱带仅保持在 3775cm^{-1} 和 3440cm^{-1} 附近，为羧酸的 O—H 键或 N—H 键伸缩振动吸收，直到 48h 仍较为稳定；但到 60h 后，这一区域吸收强度明显增强，说明光催化降解产物中有羧酸和氨基化合物的生成。在处理达 60h 时，2500cm^{-1} 附近的弱吸收消失，说明酚类和醇类物质减少；3100～3500cm^{-1}

表示 N—H 伸缩振动吸收；1600cm^{-1}附近吸收峰说明芳环的存在。但低于 1000cm^{-1} 的吸收峰没有明显减少，而且位于 988cm^{-1}、833cm^{-1}、700cm^{-1}左右峰强度降解过程中基本保持稳定；988cm^{-1}左右的强吸收是醇类及酯类 C—O 的伸缩振动峰；1070cm^{-1}的吸收带是 C—N 伸缩振动吸收；700cm^{-1}的吸收说明存在 N—H 和苯环上 C—H 的面外弯曲或存在 C—Cl，说明含有这些官能团的化合物在光催化处理液中能较稳定存在。约 830cm^{-1}为无机 CO_3^{2-} 离子的吸收峰。

综合以上分析可知，在处理垃圾渗滤液时，光催化氧化对含羟基的化合物有明显优先降解作用，对含 C＝O 键的醛、酮类物质降解明显，氨基化合物在光催化作用下比较稳定，对无机 CO_3^{2-} 离子几乎没有降解作用[46]。因此可以判断在光催化处理 72h 的处理液中，主要含有羧酸、醇类和氨基化合物。

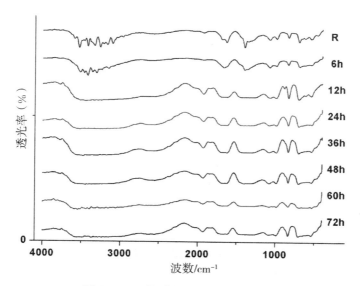

图 4-7　不同时间处理液的红外光谱

表 4 - 4　不同 DOM 样品的主要红外光谱吸收峰

样品	吸收峰位置/cm^{-1}												
垃圾原液	3589	3532	3465	3421	3331	3262	3215	3171	3103	2969	2569		
（R）	1927	1634	1400	1353	1076	987	833	698	621	544			
6h	3519	3465	3421	3359	3307	3152	1664	1399	1077	989	835	691	541
12h	3775	3447	1925	1621	1301	1069	992	886	831	699	541		
24h	3776	3519	2631	1924	1623	1370	1079	988	833	699	535		
36h	3773	3475	2563	1926	1622	1405	1082	988	833	699	534		
48h	3771	3450	2553	1927	1666	1402	1079	987	833	700			
60h	3542	3438	3393	3315	3260	1925	1678	1078	985	832			
72h	3779	3545	3252	1925	1620	1323	1078	988	833	701			

4.3.3　DOM 的荧光光谱变化分析

1. 光催化处理液 DOM 的三维荧光光谱

图 4 - 8 表示不同时间光催化处理液 DOM 的三维荧光光谱变化。

根据第三章知识，三维荧光光谱图五个区域依次为腐殖酸、可见区富里酸、紫外区富里酸、色氨酸和酪氨酸等。由图 4 - 8 可知，不同时间光催化处理液荧光发射峰位置变化不大，与垃圾渗滤液类似，主要位于 E_x/E_m =（200~250）nm/（340~480）nm 和 E_x/E_m =（250~390）nm/（370~470）nm 两个区域。前者荧光信号较强，主要代表紫外区类富里酸（PeakA）；后者属于可见区类富里酸和腐殖酸类物质[47,48]，随着光催化处理时间延长，该区域荧光强度明显下降，说明代表大分子的腐殖酸发生较强光催化氧化，可能转化为小分子蛋白质；而代表小分子的色氨酸和酪氨酸 E_x/E_m =（200~250）nm/（280~380）nm 区域荧光强度变化不大。由此判断光催化降解可以优先破坏腐殖质类物质中的共轭双键等结构，这一点与严晓菊等[34]的研究结果一致。

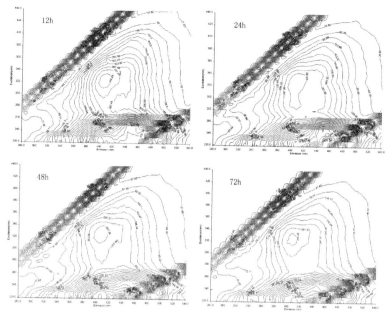

图 4 - 8　光催化处理过程中 DOM 的三维荧光光谱图变化

2. 光催化处理液 DOM 不同组分的三维荧光光谱

图 4 - 9 表示光催化处理过程中 HOB 的 3D - EEM 光谱图。

由图 4 - 9 可知，HOB 的特征荧光峰位于 E_x/E_m ＝（220 ~ 270）nm／（340 ~ 460）nm，属于紫外区类富里酸（Peak A）；另一区域为 E_x/E_m ＝（280 ~ 360）nm／（370 ~ 450）nm，属于可见区类富里酸（Peak C）。光催化处理过程中，这两个区域荧光峰强度发生明显变化；随着处理时间的延长，各区域荧光强度信号明显减弱；直到 72h 时，随着代表类腐殖酸类物质 Peak I 和可见区类富里酸 Peak C 的完全消失，仅在 E_x/E_m ＝（220 ~ 250）nm／（300 ~ 450）nm 保留有很弱荧光峰，峰值出现在 E_x/E_m ＝（220 ~ 230）nm／（370 ~ 410）nm，代表紫外区富里酸和类蛋白的存在。说明光催化处理 72h 后，HOB 组分发生显著降解，最终转化为小分子物质。

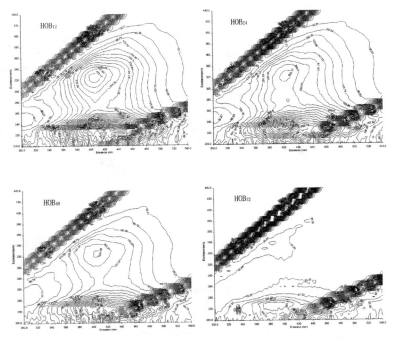

图 4 - 9　光催化处理过程中 HOB 的三维荧光光谱图变化

从 3D - EEM 等高线荧光光谱图中，不仅能够得到荧光强度改变的信息，还能够得到峰位改变的信息，峰位的改变也能够说明有机物结构和官能团的变化[49]。如羰基、羟基、烷氧基、羧基官能团的出现会造成最大荧光发色团激发或发射波长向长波长方向移动，即发生红移[50,51]。而降低 π 电子云密度，如减少了芳香环数量或链状共轭键；芳香性强的部分被打碎成成小分子结构；羰基、羟基、胺基官能团数量的减少这些因素将会导致荧光发色团激发或发射波长向短波长方向移动，即出现蓝移[52,53]。图 4 - 9还表明，随着处理时间的延长，类富里酸荧光发射峰 Peak A 和

Peak C 位置逐渐蓝移，出现了激发波长和发射光的同时蓝移，主要由于光催化氧化破坏了 HOB 组分中富里酸结构，降低了芳香环数量并且破坏了共轭双键，将大分子有机物打碎成小分子物质，最后仅残留代表小分子类色氨酸的 Peak D 峰。

图 4-10 表示光催化处理过程中 HOA 的荧光光谱变化。由图 4-10 可以看出，HOA 在处理 24h 内荧光位置和荧光强度都没有明显变化，荧光峰主要位于 $E_x/E_m =$（200~270）nm/（340~460）nm 的紫外区类富里酸（Peak A）和 $E_x/E_m =$（280~360）nm/（370~450）nm 的可见区类富里酸（Peak C），但 Peak A 有一定红移；在处理达 48h 时，各区域荧光强度信号明显减弱，可见区类富里酸荧光发射峰位置逐渐蓝移，紫外区类富里酸荧光发射峰位置逐渐红移；光催化 72h 时，荧光强度大幅度减弱，Peak A

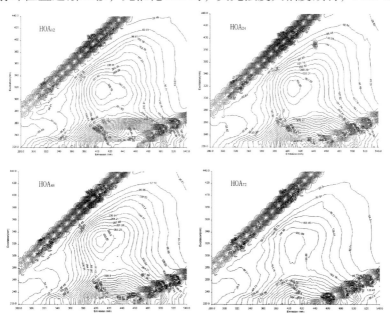

图 4-10　光催化处理过程中 HOA 的三维荧光光谱图变化

红移，表明其中为小分子物质的富里酸类和腐殖酸类物质。Peak C 在降解过程中峰位置变化很小。

图 4-11 表示光催化处理过程中 HIB 的荧光光谱变化。由图 4-12 可以看出，HIB 组分主要含有腐殖酸和富里酸物质，在光催化处理过程中发生显著变化。处理 24h 内，其荧光峰主要位于 E_x/E_m = （220～370）nm/（330～470）nm 区域，包括富里酸、腐殖酸和类色氨酸等物质。在处理 48h 后，可见区富里酸和腐殖酸基本消失，荧光区域保留在 E_x/E_m = （200～350）nm/（330～450）nm 范围内，而且荧光信号大幅度减弱。在处理 72h 时，荧光发射峰位置发生蓝移，荧光峰主要位于 E_x/E_m = （200～250）nm/（300～420）nm 的区域，说明其中主要含有类色氨酸和少量紫外区类富里酸物质，在光催化处理 72h 后，HIB 浓度大幅度下降，并且代表可见区类富里酸物质和腐殖酸的荧光峰完全消失。

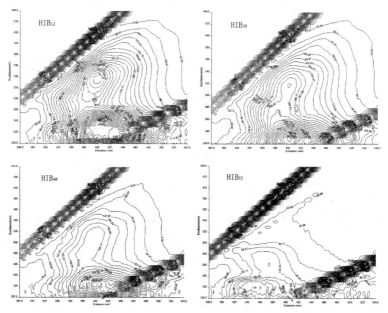

图 4-11　光催化处理过程中 HIB 的三维荧光光谱图变化

说明光催化能有效降解 HOB 组分，使其最终主要转化为紫外区类富里酸物质和色氨酸。

图 4-12 表示光催化处理过程中 HIA 的荧光光谱变化。根据第三章结论，HIA 组分荧光信号相对较弱，主要是富里酸物质。由图 4-12 可以看出，不同时间光催化处理液中 HIA 组分荧光信号更弱，也主要包括紫外区类富里酸和可见区类富里酸物质，光催化处理过程中荧光信号的变化不是很明显。但在处理 24h 时，可见区类富里酸几乎完全消失，紫外区类富里酸荧光强度也减弱，并且峰位置发生蓝移。在 48h 处理液中，这两个区域荧光信号又有所增强，到 72h 时，荧光强度又减弱，而且峰中心位置红移至 E_x/E_m =（220~240）nm/（380~420）nm 区域，峰位置范围位于 E_x/E_m =（220~250）nm/（370~450）nm，属于富里酸类物质。但整体上来看，与其他组分相比，HIA 在光催化氧化过

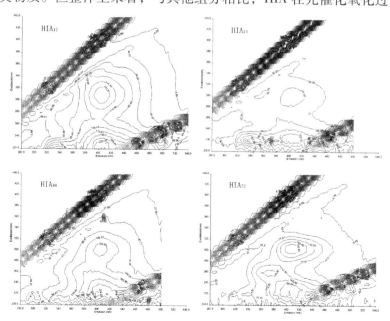

图 4-12　光催化处理过程中 HIA 的三维荧光光谱图变化

程中相对稳定，这与紫外光谱所反映的 HIA 性质以及 HIA 的含量稳定的特征相吻合。

图 4 - 13 表示光催化处理过程中 HON 的荧光光谱变化。由图 4 - 13 可以看出，HON 组分中的可见区富里酸和腐殖酸，在 24h 内完全消失；同时，类色氨酸 Peak D 的荧光强度也大幅度减低，说明这几种物质在光催化处理初期中发生显著降解。但在 48h 处理液中 Peak C 和 Peak D 荧光强度又增强，说明在光催化处理过程中有新的色氨酸和可见区富里酸物质生成。24h 处理液荧光峰中心位于 $E_x/E_m =$ （$220 \sim 240$）nm/（$330 \sim 350$）nm，光催化处理使荧光发射峰明显蓝移，可推断芳香性强的物质被打碎成小分子结构，并且羧基、羟基、胺基官能团数量的减少，说明有更多小分子的 HON 组分产生，这些物质包括部分类酪氨酸和部分紫外区类富里酸。在 72h 处理液中，荧光发射峰位置也发生蓝移，

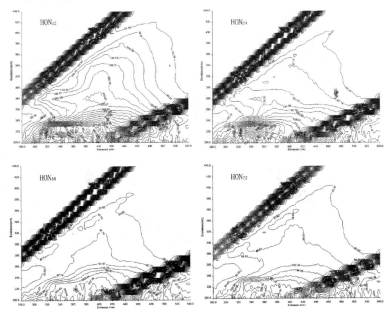

图 4 - 13　光催化处理过程中 HON 的三维荧光光谱图变化

荧光峰主要位于 E_x/E_m =（220～250）nm/（320～420）nm 的区域，说明其中主要含有类色氨酸和少量紫外区类富里酸物质。整体上看，光催化处理过程中，HON 组分的荧光强度大幅度降低，发生显著光催化降解。

图 4－14 表示光催化处理过程中 HIN 的荧光光谱变化。由图 4－14 可以看出，HIN 组分主要含有腐殖酸和富里酸物质，在光催化处理过程中发生显著变化。处理 24h 内，其荧光峰主要位于 E_x/E_m =（200～370）nm/（330～470）nm 区域，包括富里酸、腐殖酸和类色氨酸等物质。在处理 48h 后，可见区富里酸和腐殖酸基本消失，荧光区域保留在 E_x/E_m =（200～350）nm/（330～450）nm 范围内，而且荧光信号大幅度减弱，包括紫外区富里酸和类蛋白物质（类色氨酸和类酪氨酸）。在处理 72h 时，荧光发射峰位置发生蓝移，荧光峰主要位于 E_x/E_m =（200～250）nm/

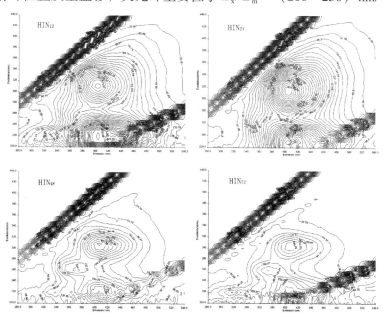

图 4－14　光催化处理过程中 HON 的三维荧光光谱图变化

（300～420）nm 的区域，说明光催化处理过程中，HIB 组分大幅度下降，主要转化为类色氨酸和少量紫外区类富里酸物质。

综合以上分析可知，整体上除 HIA 组分外，光催化氧化过程中 DOM 其他组分在各波长段的荧光强度都大幅度降低。其中代表类腐殖酸的 Peak I 变化最大，一般在处理 60h 后，该区域荧光峰会完全消失，说明类腐殖酸类物质能优先发生光催化降解。其次变化比较大的是可见区富里酸类物质，除 HON 和 HIA 组分外，在 72h 光催化处理液其他组分中均完全消失，说明可见区富里酸类物质也可以发生明显光催化降解。在处理过程中变化相对较小的区域为 Peak C、Peak B 和 Peak D，一般是在处理后期（48h）才开始有显著变化。并且在 72h 处理液中，往往残留的是这一区域的荧光峰，代表可见区富里酸、类色氨酸和类酪氨酸。其中代表类蛋白的类色氨酸和类酪氨酸类物质占主要部分。由此可见，光催化氧化能将大分子的腐殖酸和富里酸降解为小分子的蛋白类物质[54]。

4.4　本章小结

本章主要通过分析光催化氧化过程中渗滤液 DOM 不同组分的含量、分子量分布及光谱学特征的变化，讨论了渗滤液 DOM 组分的结构、官能团、分子量和物质组成等的光催化转化机制，并结合现有光催化氧化基本理论，探讨了光催化氧化处理渗滤液 DOM 的降解机理，拟合了 DOM 不同组分的光催化降解动力学模型。主要得出以下结论。

1）除 HIA 外，DOM 其他组分含量在光催化处理过程中均呈下降趋势，但各组分下降到 20mg/L 左右时趋于稳定。在 72h 处理液中，各组分比例依次为 HIA > HOA > HIB > HIN > HON > HOB。在整个处理过程中，HIA 组分的变化很小，说明 HIA 难以光催化降解，是制约光催化氧化处理效率提高的主要因素之一。

2）分子量分析表明，光催化处理过程中 DOM 分子量分布逐渐变宽。HOB、HIB、HIA 以及 HON 组分在光催化处理后，分子量呈减小趋势；其中 HOB 减小最为明显，由初始的 4～25kDa，减小为 72h 的 0.4～1kDa。而 HOA 和 HIN 分子量呈增加趋势，其中 HOA 分子量增加明显，在垃圾原液中分布于 2～20kDa，72h 光催化处理液中为 20～50kDa。随着处理时间延长，各 DOM 组分的浓度均下降。总体上看，渗滤液 DOM 的主要组成 HOB、HOA、HON 和 HIA 四种组分光催化转化明显。

3）紫外吸收光谱分析表明，经过光催化处理后渗滤液中有机物的浓度大幅度减低，光催化降解主要破坏了芳香族化合物和不饱和双键或三键化合物的结构。不同时间光催化处理液 DOM 具有基本一致的结构单元和官能团。各处理液中没有新的生色团物质生成。处理液中 HIA 和 HIB 对紫外光谱的变化贡献不明显，可能由于光催化处理过程中这两类物质的官能团数量和类型没有发生显著变化。

4）红外光谱分析结果表明，各光催化处理液 DOM 中红外吸收峰的数目明显减少，强度也有明显变化，说明光催化处理能有效降解渗滤液 DOM。光催化氧化对含羟基的化合物有明显优先降解作用，对含 $C=O$ 键的醛、酮和羧酸类物质降解明显；N—H 键在光催化作用下比较稳定，对无机 CO_3^{2-} 离子几乎没有降解作用。在光催化处理 72h 的处理液中，主要含有酯类、醇类和氨基化合物。

5）不同时间光催化处理液 DOM 的三维荧光光谱分析表明，光催化降解可以优先破坏腐殖质类物质中的共轭双键等结构，使代表大分子的腐殖酸发生较强光催化氧化，转化为小分子蛋白质。HOA、HOB、HIB、HON、HIN 组分在光催化处理过程中荧光光谱发生显著变化，最终主要转化为紫外区类富里酸物质和色氨酸。HIA 的荧光光谱在光催化氧化过程中相对稳定。在光催化处理过程中，代表类腐殖酸的荧光峰变化最大，一般在处理 60h 后，该区域荧光峰会完全消失，说明类腐殖酸类物质能优先发生光催化降解。其次变化比较大的是可见区富里酸类物质，除 HON 和 HIA 组分外，在 72h 处理液中其他组分这一区域的荧光峰均完全消失，说明可见区富里酸类物质也可以发生明显光催化降解。处理过程中变化相对较小的区域为 Peak C、Peak B 和 Peak D，一般是在处理后期（48h）才开始有显著变化。在 72h 处理液中，残留可见区富里酸、类色氨酸和类酪氨酸等物质的荧光峰，其中代表类蛋白的类色氨酸和类酪氨酸类物质占主要部分。可见，光催化氧化能将大分子的腐殖酸和富里酸降解为小分子的类蛋白物质。

参考文献

［1］ Johnson M D, Ward A K. Influence of phagotrophic protistan bacterivory in determining the fate of dissolved organic matter（DOM）in a wetland microbial food web ［J］. Microb Ecol, 1997, 33（2）: 149 – 162.

［2］ Fauser P, Thomsen M. Sensitivity analysis of calculated exposure concentrations and dissipation of DEHP in a topsoil compartment: The influence of the third phase effect and Dissolved Organic Matter（DOM）［J］. The Science of the total environment, 2002, 296（1 – 3）: 89 – 103.

［3］ Gourlay C, Tusseau-Vuillemin M H, Mouchel J M, Garric J. The ability of dissolved organic matter（DOM）to influence benzo［a］pyrene bioavailability increases with DOM biodegradation ［J］. Ecotoxicology and environmental safety, 2005, 61（1）: 74 – 82.

［4］ Bejarano A C, Chandler G T, Decho A W. Influence of

natural dissolved organic matter（DOM）on acute and chronic toxicity of the pesticides chlorothalonil, chlorpyrifos and fipronil on the meiobenthic estuarine copepod Amphiascus tenuiremis [J]. Journal of experimental marine biology and ecology, 2005, 321 (1): 43 - 57.

［5］ Rodriguez J, Castrillon L, Maranon E, Sastre H, Fernandez E. Removal of non-biodegradable organic matter from landfill leachates by adsorption [J]. Water Res, 2004, 38 (14 - 15): 3297 - 3303.

［6］ Win Y Y, Kumke M U, Specht C H, Schindelin A J, Kolliopoulos G, Ohlenbusch G, Kleiser G, Hesse S, Frimmel F H. Influence of oxidation of dissolved organic matter（DOM）on subsequent water treatment processes [J]. Water Res, 2000, 34 (7): 2098 - 2104.

［7］ Raber B, Kogel-Knabner I: Desorption of hydrophobic PAHs from contaminated soil: Influence of dissolved organic matter (DOM) [M]. Kluwer Academic Pub, 1995: 407.

［8］ 薛爽. 土壤含水层处理技术去除二级出水中溶解性有机物 [D]. 哈尔滨: 哈尔滨工业大学, 2008.

［9］ Tang S, Wang Z, Wu Z, Zhou Q. Role of dissolved organic matters（DOM）in membrane fouling of membrane bioreactors for municipal wastewater treatment [J]. Journal of Hazardous Materials, 2010, 178 (1 - 3): 377 - 384.

［10］ 曾凤, 霍守亮, 席北斗, 昝逢宇, 胡翔, 李明晓. 猪场废水厌氧消化液后处理过程中 DOM 变化特征 [J]. 环境科学, 2011, 32 (6): 1687 - 1695.

［11］ Antony A, Bassendeh M, Richardson D, Aquilina S, Hodgkinson A, Law I, Leslie G. Diagnosis of dissolved organic matter removal by GAC treatment in biologically treated papermill effluents using advanced organic characterisation techniques [J]. Chemosphere,

2012, 86（8）：829 – 836.

[12] Huo S L, Xi B D, Yu H C, HE L S, FAN S L, LIU H L. Characteristics of dissolved organic matter（DOM）in leachate with different landfill ages［J］. Journal of Environmental Sciences, 2008, 20（4）：492 – 498.

[13] 杨赛, 周启星, 华涛. 市政污水 A/DAT – IAT 系统中溶解性有机物表征与生态安全［J］. 环境科学, 2014, 35（2）：633 – 642.

[14] 何爱华, 毕学军, 程丽华. 城市污水生化处理后水中溶解性有机物的特性研究［J］. 青岛理工大学学报, 2012, 33（2）：62 – 67.

[15] 赵庆良, 谢春媚, 魏亮亮, 贾婷, 王琨. 二级处理出水中 DOM 在粉煤灰改性 SAT 系统中的去除［J］. 哈尔滨工业大学学报, 2012, 44（4）：32 – 38.

[16] 韩芸, 周学瑾, 彭党聪, 王晓昌. 氯消毒对城市污水中 DOM 的三维荧光特性影响［J］. 环境工程学报, 2012, 6（7）：2226 – 2230.

[17] 赵风云, 孙根行, 吴乾元, 胡洪营. 厌氧 – 缺氧 – 好氧处理出水中溶解性有机物组分的特征分析［J］. 环境科学学报, 2010, 30（6）：1144 – 1148.

[18] Greenwood P F, Berwick L J, Croué J P. Molecular characterisation of the dissolved organic matter of wastewater effluents by MSSV pyrolysis GC – MS and search for source markers［J］. Chemosphere, 2012, 87（5）：504 – 512.

[19] González O, Justo A, Bacardit J, Ferrero E, Malfeito J J, Sans C. Characterization and fate of effluent organic matter treated with UV/H_2O_2 and ozonation［J］. Chemical Engineering Journal, 2013, 226（1）：402 – 408.

［20］Tang X，Wu Q Y，Zhao X，Du Y，Huang H，Shi X L，Hu H Y. Transformation of anti-estrogenic-activity related dissolved organic matter in secondary effluents during ozonation ［J］. Water Research，2014，48（1）：605－612.

［21］金鹏康，石彦丽，任武昂. 城市污水处理过程中溶解性有机物转化特性［J］. 环境工程学报，2015，25（1）：1－6.

［22］Meeroff D E，Bloetscher F，Reddy D V，Gasnier F，Jain S，Mcarnette A，Hamaguchi H. Application of photochemical technologies for treatment of landfill leachate ［J］. Journal of Hazardous Materials，2012，209－210（4）：299－307.

［23］付美云. 垃圾渗滤液中水溶性有机物在土壤中的行为及其环境影响［D］. 南京：南京农业大学，2005.

［24］董军. 垃圾渗滤液在地下环境中的氧化还原分带及污染物的降解机理研究［D］. 长春：吉林大学，2006.

［25］薛俊峰，何品晶，邵立明，等. 渗滤液循环回灌厌氧填埋层前后的分类表征［J］. 水处理技术，2005，41（7）：24－27.

［26］赵庆良，张静，卜琳. Fenton 深度处理渗滤液时 DOM 结构变化［J］. 哈尔滨工业大学学报，2010，42（6）：977－981.

［27］吉芳英，谢志刚，黄鹤，等. 垃圾渗滤液处理工艺中有机污染物的三维荧光光谱［J］. 环境工程学报，2009，3（10）：1783－1788.

［28］He P J，Xue J F，Shao L M，Li G J，Lee DJ. Dissolved organic matter（DOM）in recycled leachate of bioreactor landfill ［J］. Water Res，2006，40（7）：1465－1473.

［29］Xu Y D，Yue D B，Zhu Y，Nie Y F. Fractionation of dissolved organic matter in mature landfill leachate and its recycling by ultrafiltration and evaporation combined processes ［J］. Chemosphere，2006，64（6）：903－911.

[30] 王旭东, 梁勇, 王磊, 付娜, 吕永涛, 曲颖. 典型城市污水二级处理水中 DOM 性状特征 [J]. 工业水处理, 2014, 20 (12): 17 – 21.

[31] Chong M N, Jin B, Chow C W K, Saint C. Recent developments in photocatalytic water treatment technology: A review [J]. Water Research, 2010, 44 (10): 2997 – 3027.

[32] Rocha E M R, Vilar V J P, Fonseca A, Saraiva I, Boaventura R A R. Landfill leachate treatment by solar-driven AOPs [J]. Solar Energy, 2011, 85 (1): 46 – 56.

[33] Poblete R, Otal E, Vilches L F, Vale J, Fernández-Pereira C. Photocatalytic degradation of humic acids and landfill leachate using a solid industrial by-product containing TiO_2 and Fe [J]. Applied Catalysis B: Environmental, 2011, 102 (1 – 2): 172 – 179.

[34] 严晓菊. 光催化 – 膜组合工艺去除腐殖酸的效能与机理研究 [D]. 哈尔滨: 哈尔滨工业大学, 2009.

[35] Collins M R, Amy G L, Steelink C. Molecular weight distribution, carboxylic acidity, and humic substances content of aquatic organic matter: implications for removal during water treatment [J]. Environmental Science & Technology, 1986, 20 (10): 1028 – 1032.

[36] Liu S, Lim M, Fabris R, Chow C, Chiang K, Drikas M, Amal R. Removal of humic acid using TiO_2 photocatalytic process-Fractionation and molecular weight characterisation studies [J]. Chemosphere, 2008, 72 (2): 263 – 271.

[37] Calace N, Liberatori A, Petronio B M, Pietroletti M. Characteristics of different molecular weight fractions of organic matter in landfill leachate and their role in soil sorption of heavy metals [J]. Environ Pollut, 2001, 113 (3): 331 – 339.

［38］ Kang K H, Shin H S, Park H. Characterization of humic substances present in landfill leachates with different landfill ages and its implications ［J］. Water Res, 2002, 36 （16）: 4023 – 4032.

［39］ 贾陈忠, 王焰新, 张彩香. 光催化降解渗滤液 DOM 不同组分的相对分子质量变化特征 ［J］. 环境科学, 2012, 33 （10）: 3495 – 3500.

［40］ Huang X H, Leal M, Li Q L. Degradation of natural organic matter by TiO$_2$ photocatalytic oxidation and its effect on fouling of low-pressure membranes ［J］. Water Res, 2008, 42 （4 – 5）: 1142 – 1150.

［41］ Clement B, Thomas O. Application of ultra-violet spectro-photometry and gel permeation chromatography to the characterization of landfill leachates ［J］. Environ Technol, 1995, 16 （4）: 367 – 377.

［42］ 张军政, 杨谦, 席北斗, 等. 垃圾填埋渗滤液溶解性有机物组分的光谱学特性研究 ［J］. 光谱学与光谱分析, 2008, （11）: 2583 – 2587.

［43］ Chefetz B, Hadar Y, Chen Y. Dissolved organic carbon fractions formed during composting of municipal solid waste: properties and significance ［J］. Acta Hydroch Hydrob, 1998, 26 （3）: 172 – 179.

［44］ Kalbitz K, Schwesig D, Schmerwitz J, Kaiser K, Haumaier L, Glaser B, Ellerbrock R, Leinweber P. Changes in properties of soil-derived dissolved organic matter induced by biodegradation ［J］. Soil Biology and Biochemistry, 2003, 35 （8）: 1129 – 1142.

［45］ Deng Y. Advanced Oxidation Processes （AOPs） for reduction of organic pollutants in landfill leachate: a review ［J］. International Journal of Environment and Waste Management, 2009, 4 （3）: 366 –

384.

[46] Bu L, Wang K, Zhao Q L, Wei L L, Zhang J, Yang J C. Characterization of dissolved organic matter during landfill leachate treatment by sequencing batch reactor, aeration corrosive cell-Fenton, and granular activated carbon in series [J]. J Hazard Mater, 2010, 179 (1 – 3): 1096 – 1105.

[47] Liu Z P, Guo J S, Fang F. Study on Removal Efficiency and Fluorescence Characteristics of Humus in Landfill Leachate Treated by Combined Process [J]. Advanced Materials Research, 2011, 233: 667 – 672.

[48] Tauchert E, Schneider S, de Morais J L, Peralta-Zamora P. Photochemically-assisted electrochemical degradation of landfill leachate [J]. Chemosphere, 2006, 64 (9): 1458 – 1463.

[49] Hudson N, Baker A, Reynolds D. Fluorescence analysis of dissolved organic matter in natural, waste and polluted waters — a review [J]. River Research and Applications, 2007, 23 (6): 631 – 649.

[50] Uyguner C S, Bekbolet M. Evaluation of humic acid photocatalytic degradation by UV-vis and fluorescence spectroscopy [J]. Catal Today, 2005, 101 (3 – 4): 267 – 274.

[51] Her N, Amy G, Chung J, Yoon J, Yoon Y. Characterizing dissolved organic matter and evaluating associated nanofiltration membrane fouling [J]. Chemosphere, 2008, 70 (3): 495 – 502.

[52] Swietlik J, Sikorska E. Application of fluorescence spectroscopy in the studies of natural organic matter fractions reactivity with chlorine dioxide and ozone [J]. Water Res, 2004, 38 (17): 3791 – 3799.

[53] Coble P G. Characterization of marine and terrestrial DOM

in seawater using excitation emission matrix spectroscopy [J]. Mar Chem, 1996, 51 (4): 325 – 346.

[54] 贾陈忠, 王焰新, 张彩香. 光催化氧化处理过程中渗滤液溶解性有机物组分的三维荧光光谱变化特征 [J]. 分析化学, 2012, 40 (11): 1740 – 1746.

第五章 光催化氧化渗滤液的 GC/MS 和转化机理分析

目前气相色谱质谱联用广泛应用于气相离子化学的基础研究、结构分析和复杂基体的定性定量分析。GC/MS 联机系统一方面具有毛细管柱气相色谱的高分离效能，另一方面质谱能从微量试样中获得有关化学结构等丰富信息。其基本原理是气相色谱把复杂的多组分混合物分离出许多单个组分后，以"在线"或"分批"方式把单一组分逐个地通过质谱计进行定性、定量分析。采用高效毛细管柱气相色谱和高分辨质谱或中分辨质谱联用技术，不仅可分离痕量、复杂、多种组分的有机污染物，而且进一步增强了质谱的定性能力[1]。GC/MS 技术发展较快，对未知混合组分定性鉴定、分子结构的准确判断提供了一种更加完善的手段[2]。目前，从事有机物质分析的实验室几乎都把 GC/MS 作为最主要的定性确认手段之一，因而应用广泛[3,4]。从物质组成及官能团结构上对垃圾渗滤液的组分特征进行分析，可以为垃圾渗滤液的有效处理提供科学依据[5]。在对渗滤液中未知物质进行检测时，由于 GC/MS 技术可以通过与标准质谱图进行匹配的方式对未知物进行较准确定性分析。许多研究对垃圾填埋场渗滤液的有机污染物组分进行了分析，确定了其相对含量[4,6,7]。但对于垃圾渗滤液在处理过程中有机污染物的变化研究还很少[8]。

为了掌握垃圾渗滤液在光催化氧化处理过程中有机污染物种类和数量的变化，本章采用二氯甲烷液液萃取浓缩技术，通过

GC/MS 联用技术解析了渗滤液及不同时间光催化处理液中有机物的种类和具体组成，并通过内标法确定了其相对含量，比较不同种类有机物在光催化氧化过程中的变化规律。在此基础上讨论了在光催化氧化处理过程中垃圾渗滤液不同类型有机物的转化情况，结合现有光催化氧化基本理论，探讨了光催化氧化处理渗滤液 DOM 的降解机理，并据此推测了光催化氧化过程中不同结构官能团物质的降解差异和可能降解途径及机制。

5.1　实验材料与方法

5.1.1　实验材料

实验材料及仪器见第二章 2.2.1 节。

5.1.2　渗滤液及光催化处理液的液液萃取

准确量取 100mL 垃圾渗滤液或光催化处理液移入 150mL 分液漏斗中，加入 1.0g 氯化钠，混匀，然后加入 10mL 二氯甲烷，密闭分液漏斗，用力振荡 1~2min，并间歇地排气以减小过大压力。静置，使有机相从水相中分离，小心放出下层有机相溶液，过无水硫酸钠柱脱水后，收集到鸡心瓶（预先加入少许铜丝脱硫）中；接着加入 1 份相同体积的二氯甲烷重复萃取 2 次，合并 3 次溶剂提取液。再用 10mol/L 的氢氧化钠调节萃取后残留水相的 pH=12，用总体积 30mL 的二氯甲烷按上述步骤继续连续萃取 3 次，收集并合并提取液。接着用 6mol/L 的硫酸调节萃取后的残留水相溶液 pH=2，由于渗滤液中含有大量的碳酸盐物质，所以在调节 pH 到酸性过程中会出现大量的气泡，因此需小心缓慢地滴加硫酸溶液，并进行快速搅拌。用总体积 30mL 的二氯甲烷按上述步骤继续连续萃取 3 次，收集并合并提取液。合并上述 3 步萃取的有机提取液，在 40℃ 左右旋转蒸发，浓缩至 5mL，保存备用[9,10]。

5.1.3　浓缩液层析柱处理

1）层析柱的活化。在全玻璃层析柱下部填充少许脱脂棉，先装入 1cm 的无水硫酸钠，再加入 6cm 的硅胶，然后装入 3cm 的氧化铝，轻轻敲实。依次用 20mL 的二氯甲烷/甲醇（体积比为 2∶3）、二氯甲烷/正己烷（体积比为 2∶3）混合液淋洗柱体，再用 20mL 正己烷淋洗，弃去淋洗液，柱面要留有少量液体。

2）浓缩液上样。将浓缩液加入已淋洗过的层析柱中净化，再用 3mL 正己烷将原液瓶洗净，清洗液也加入层析柱中净化，重复 3 次。最后用 20mL 的正己烷洗脱柱体，洗脱时先用适当淋洗液浸泡柱体 5min，洗脱液一并收集于鸡心瓶中（净化液）。

3）过柱后的净化液在旋转蒸发仪上浓缩至 0.5mL，然后转移至 2mL 的细胞瓶中。加入 0.5mL 二氯甲烷淋洗鸡心瓶，淋洗液也转移至细胞瓶中，重复 3 次。用柔和的氮气将细胞瓶中的浓缩液吹至刚干，加入内标（六甲基苯，$C_{12}H_{18}$）约 1000ng，用正己烷定容至 0.5mL，密封置于冰箱中，准备上机。

同步用二次去离子水代替水样做空白处理。

5.1.4　GC/MS 分析条件

色谱柱为 HP5 石英毛细管柱（$30m \times 0.25mm \times 0.25\mu m$）；载气为氦气，流量为 1mL/min；进样温度为 250℃；柱温为 50℃，保持 2min 后以 4℃/min 的速度升温至 130℃，保持 3min，然后以 4℃/min 的速度升温至 290℃，保持 15min；进样量为 0.2μL，分流比为 35∶1；质量扫描范围为 35～550amu；电离方式 EI，电子轰击能量 70eV，倍增电压 2400V，离子源温度 250℃。

由于渗沥液中有机污染物种类繁多，大部分缺乏标准参照物，因此通过 GC/MS 色谱工作站（NIST98 检索库）结合有机物相对保留时间进行质谱解析。采用 $C_{12}H_{18}$ 内标法进行半定量分析，计算不同组分相对含量的方法是有机物相对含量 = 有机物峰面积 / $C_{12}H_{18}$ 峰面积[11,12]。

5.2　垃圾渗滤液的 GC/MS 分析

垃圾渗滤液总离子流色谱图（TIC）如图 5 - 1 所示。

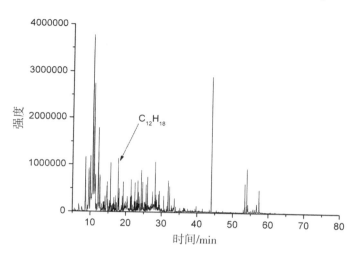

图 5 - 1　垃圾渗滤液的 GC/MS 总离子流色谱图

　　垃圾渗滤液总离子流色谱图峰形复杂，不同位置峰高变化很大，说明渗滤液中含有多种浓度各异的有机污染物。由表 5 - 1 可知，在垃圾渗滤液中检测到可信度大于 70% 的有机物多达 72 种，包括烷烯烃类、醇类、酮类、羧酸、酯类、醚类、酰胺类和杂环类等多种不同官能团物质[13,14]（见表 5 - 1）。从数目上看醇类达到 35%，有机酸约占 20%，酮类约占 18%，这三种有机化合物占有机物总数的 70% 以上，是垃圾渗滤液中有机物的主要组成。这与紫外光谱和红外光谱分析的渗滤液有机物主要官能团结果一致。环状化合物有 59 种，其中带有苯环的物质高达 41 种。相对含量为 0.036～11.036，平均相对含量 1.306。相对含量最高的是三甲基庚烷二醇，保留时间为 10.611min；其次是保留时间为 43.993min 的邻苯二甲酸二异辛酯；最低的是桉油精。内标物六甲基苯在 17.756min 出现。匹配度超过 60% 的有机物多达 167 种。

二妃山垃圾填埋场属于"成熟"垃圾填埋场，其渗滤液中的有机物基本稳定。在检测出的有机物中（匹配度≥70%），醇类最多达 25 种，其次是羧酸和酮各有 14 种和 13 种。在匹配度大于 60% 的有机物中，属于我国环境优先控制污染物[15]的有 10 种，分别为二乙基甲酰胺、甲苯、苯酚、3 种邻苯二甲酸酯类、苯胺、苯烯腈、萘、芘、荧蒽；属于美国 EPA 优先控制污染物[16]的有 7 种，分别为苯酚、邻苯二甲酸酯类（3 种）、苯胺、苯烯腈、甲苯。

表 5-1　垃圾渗滤液中有机物种类分布

种类	烷烃	芳烃	羧酸	酯类	醇类	酚类	酮类	杂环	醛类	胺类	其他	总计
匹配度 ≥70%	1	3	14	4	25	0	12	3	1	5	2	72
匹配度 ≥60%	8	7	21	20	49	9	30	11	2	7	3	167

由上分析可以看出，武汉市二妃山垃圾填埋场垃圾渗滤液中有机组分复杂，种类繁多，主要以含有 C ═O 和羟基的醇类、羧酸类和酮类化合物为主；有一定数量的胺类、酯类和芳香烃类有机物，这些有机物通常毒性较大且结构较稳定；含 N 类有机物占有一定比例，其次还含有一定量的 S 元素，这类有机物处理后其杂原子的最终存在形态将是考察光催化氧化试验效果的重要指标。

垃圾渗滤液中有机物的种类如表 5-2 所示。

表 5 - 2　垃圾渗滤液中有机物的种类

序号	保留时间 /min	相对含量	有机化合物	分子式	匹配度（%）
1	5.559	0.036	1，4 - 桉叶素	$C_{10}H_{18}O$	70.7
2	6.789	0.138	4 - 乙基 - 3 - 甲基苯酚	$C_9H_{12}O$	83.0
3	6.843	0.284	1 - 乙基 - 4 - 甲氧基苯	$C_9H_{12}O$	77.7
4	7.585	0.039	磷酸三乙酯	$C_6H_{15}O_4P$	84.7
5	8.63	3.41	9 - 甲基双环［3.3.1］壬 - 2 - 烯 - 9 - 醇	$C_{10}H_{16}O$	94.7
6	9.57	3.996	4 - 甲基 - 1 - 乙基 - 3 - 环己烯醇	$C_{10}H_{18}O$	86.2
7	10.006	4.108	1，4 - 三甲基 - 3 - 环己烯 - 1 - 甲醇	$C_{10}H_{18}O$	90.1
8	10.288	0.662	3，6 - 二甲基 - 辛烷 - 2 - 酮	$C_{10}H_{20}O$	73.7
9	10.611	11.036	（1R，2R，3S，5R） - 2，3 - 蒎二醇	$C_{10}H_{18}O_2$	85.9
10	11.001	8.043	1，3，3 - 三甲基 - 2 - 氧杂双环 - 6 - 醇	$C_{10}H_{18}O_2$	92.7
11	11.44	3.007	4 - 甲基辛酸	$C_9H_{18}O_2$	83.2
12	11.795	0.734	4 - 丙基苯酚	$C_9H_{12}O$	81.2
13	12.23	5.423	1，7，7 - 三甲基双环庚烷 - 2，5 - 二酮	$C_{10}H_{14}O_2$	86.7
14	12.483	0.617	2（E） - 十六碳烯酸甲酯	$C_{17}H_{32}O_2$	73.6
15	12.667	2.396	2 - 乙酰氧基十二烷	$C_{14}H_{28}O_2$	77.4
16	13.161	0.694	1 - 环己烯 - à，2，6，6 - 四甲基醇	$C_{11}H_{20}O$	78.6
17	13.629	0.765	1，4 - 三甲基 4 - 羟基 - 环己烷 - 甲醇	$C_{10}H_{20}O_2$	79.3
18	13.862	1.064	7 - 甲基 - Z - 十四碳烯 - 1 - 醇乙酸酯	$C_{17}H_{32}O_2$	73.5
19	14.147	1.206	1 - 甲基 - 乙烯基 - 1，2 - 环己二醇	$C_{10}H_{18}O_2$	78.2

序号	保留时间 /min	相对 含量	有机化合物	分子式	匹配度 （%）
20	14.707	2.918	［1S-（1α，4α，5α）］-4-甲基-1-（1-甲基乙基）二环［3.1.0］己烷-3-酮	$C_{10}H_{16}O$	75.9
21	14.888	0.659	蓖麻油酸	$C_{18}H_{34}O_3$	74.3
22	15.184	0.409	［1，1'-二环丙基］-2-辛酸-2'-己基-甲酯	$C_{21}H_{38}O_2$	78.8
23	15.371	0.939	3-（3-丁烯基）-2，2-二甲基环丙烷-羧酸	$C_{10}H_{16}O_2$	78.0
24	15.645	1.714	反式-5-异丙基-6，7-环氧-8-羟基-8-甲基-2-酮	$C_{13}H_{24}O_3$	74.5
25	15.758	0.487	10-十七碳烯-8-（E）炔酸甲酯	$C_{18}H_{30}O_2$	74.2
26	16.203	0.463	4-（3-羟丁基）-3，5，5-三甲基-2-环己烯-1-酮	$C_{13}H_{22}O_2$	77.0
27	16.446	0.666	1-戊羟基-2-氧杂双环-［3.3.0］辛-7-烯-3-酮	$C_{12}H_{18}O_3$	75.4
28	16.62	0.833	十三烷	$C_{13}H_{24}O_2$	70.5
29	17.349	0.21	1，2-二甲基肼	$C_4H_8N_2O_2$	88.8
30	17.756	1	六甲基苯	$C_{12}H_{18}$	94.3
31	17.982	0.424	顺式八氢-1，1，8a-三甲基-2，6-萘二酮	$C_{13}H_{20}O_2$	81.0
32	18.059	0.7	1，8-二甲基-8，9-环氧-4-异丙基［4.5］癸烷-7-酮	$C_{15}H_{24}O_2$	77.5
33	18.706	0.646	3-甲酰基-4，5-二甲基吡咯	C_7H_9NO	84.9
34	18.969	0.935	2-亚甲基（3α，5α）-胆甾烷-3-醇	$C_{28}H_{48}O$	78.5
35	19.222	0.891	四氢内酯	$C_{11}H_{18}O_2$	82.1
36	19.544	0.265	5-羟基-2，4-二叔丁基苯基戊酸酯	$C_{19}H_{30}O_3$	80.7
37	20.481	0.764	2-羟基-6-甲基-3-2-环己烯-1-酮	$C_{10}H_{16}O_2$	81

序号	保留时间／min	相对含量	有机化合物	分子式	匹配度（％）
38	21.281	0.489	2，5，8，8－四甲基－4－亚甲基－6，7，8，8a－酸	$C_{14}H_{22}O_3$	70.0
39	21.463	0.676	二乙基甲苯	$C_{12}H_{17}NO$	93.4
40	21.631	0.614	斯巴醇	$C_{15}H_{24}O$	78.6
41	22.376	0.496	4，4a，5，6，7，8－六氢－1－甲氧基－2－萘酮	$C_{11}H_{16}O_2$	70.3
42	22.563	0.779	柏木脑	$C_{15}H_{26}O$	88.3
43	22.833	0.244	α－甲基－4－（2－甲基丙基）苯乙酸	$C_{13}H_{18}O_2$	87.3
44	23.208	0.472	A－愈创木烯	$C_{15}H_{24}$	74.3
45	23.354	1.323	（Z）－氧代环十七碳－8－烯－2－酮	$C_{16}H_{28}O_2$	75.6
46	23.854	0.565	1，4a－三甲基－8－亚甲基－2－萘甲醇	$C_{15}H_{26}O$	85.6
47	24.325	1.015	9，9－二甲基－9－硅杂芴	$C_{14}H_{14}Si$	83.8
48	24.714	0.859	6，6－亚乙二氧基反式萘烷－2－酮	$C_{12}H_{18}O_3$	70.8
49	25.177	0.167	2，2′，5，5′－四甲基1，1′－联苯	$C_{16}H_{18}$	82.3
50	25.649	0.655	环氧异香树烯	$C_{15}H_{24}O$	84.6
51	25.988	0.422	（1，5，5，8－四甲基－双环［4.2.1］壬－9－基）－乙酸	$C_{15}H_{26}O_2$	70.8
52	26.067	0.793	1，1，4，6－四甲基－环丙烯并［e］－4，5，6－三醇	$C_{15}H_{26}O_3$	76.3
53	27.127	0.221	二苯乙炔	$C_{14}H_{10}$	91.4
54	27.166	0.738	环氧柏木烷	$C_{15}H_{24}O$	77.0
55	27.783	0.785	10－过氧化物－依兰烷－3，9（11）－二烯	$C_{15}H_{24}O_2$	76.9

序号	保留时间 /min	相对含量	有机化合物	分子式	匹配度（%）
56	28. 201	1. 107	α，α－三甲基－8－亚甲基2－萘甲醇	$C_{15}H_{26}O$	85. 6
57	28. 455	0. 732	6－异丙烯基－4，8a－二甲基－萘－2－酚	$C_{15}H_{24}O$	79. 3
58	28. 649	0. 583	4，4－二甲基－3－辛烷－2，7－二酮	$C_{15}H_{24}O_2$	70. 9
59	29. 218	0. 67	异丁基－2－邻苯二甲酸戊酯	$C_{17}H_{24}O_4$	95. 1
60	29. 375	0. 591	2－氯苯基－2－甲氨基环己酮	$C_{13}H_{16}ClNO$	84. 5
61	30. 617	0. 291	二苯砜	$C_{12}H_{10}O_2S$	88. 9. 0
62	31. 578	0. 119	2－邻苯二甲酸－戊酯丁酯	$C_{17}H_{24}O_4$	90
63	31. 85	1. 251	正十六烷酸	$C_{16}H_{32}O_2$	81. 8
64	32. 262	0. 82	3，5－二叔丁基－4－羟基苯基丙酸	$C_{17}H_{26}O_3$	87. 6
65	32. 806	0. 141	三甲胺	C_3H_9N	98. 2
66	33. 971	0. 075	荧蒽	$C_{16}H_{10}$	86. 8
67	43. 993	8. 797	1，2－苯二甲酸－二异辛酯	$C_{24}H_{38}O_4$	92. 5
68	53. 38	1. 601	（3á，5á）胆甾醇－3－醇	$C_{27}H_{48}O$	85. 5
69	53. 957	1. 224	（5á）胆甾烷－3－酮	$C_{27}H_{46}O$	91. 1
70	54. 242	0. 431	维生素E	$C_{29}H_{50}O_2$	80. 7
71	55. 714	0. 438	24－甲基－5－胆甾烯－3－醇	$C_{28}H_{48}O$	79. 1
72	56. 668	0. 793	豆甾醇	$C_{29}H_{52}O$	79. 1
73	57. 368	1. 017	C－谷甾醇	$C_{29}H_{50}O$	78. 0

注：匹配度≥70%；"30"为内标物六甲基苯。

5. 3 不同时间光催化处理液的 GC/MS 分析

图 5－2 表示光催化处理 24h、48h 以及 72h 处理液的总离子

流色谱图（TIC）。可以看出，随着处理时间的延长，TIC 谱图峰高信号强度降低，峰形数目减少趋于简单，并且在保留时间较长区域的出峰数目明显减少。说明光催化处理过程中有机物的种类和数量发生了较大变化。

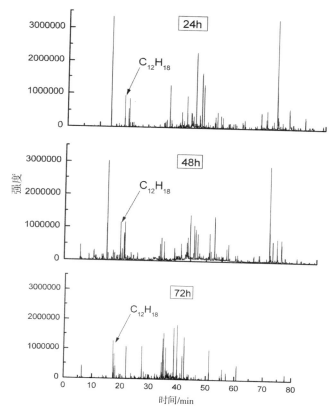

图 5－2　不同时间光催化处理液总离子流的色谱图

对不同时间光催化处理液 GC／MS 谱图解析结果见表5－4～表5－6，其有机物种类的分布如表5－3 所示。在垃圾原液 DOM 中检测到匹配度大于 70% 的有机物多达 72 种，包括烃类、芳香族、羧酸、酯类、醇类、醛类、酮类以及胺类等有机化合物。其中醇类多达 25 种，其次是羧酸 14 种，酮类 12 种，说明渗滤液 DOM 中含有较多的羟基和 C═O 官能团。环状化合物有 59 种，其中带有苯环的物质高达 41 种。24h 处理液中，检测到 53 种有机物，醇类大幅减少为 2 种，胺类减少为 3 种。酯类显著增加为 19 种，烷烃类增加为 14 种，酮类 7 种。相对含量 0.32 ~ 13.27，含量最多的为二十八烷醇，其次为苯甲酸甲酯（18.58）。48h 处理液中，检测到 51 种有机物，醇类由 2 种增加为 5 种，酯类略减少为 17 种，烷烃类减少为 7 种，胺类增加为 8 种，酮类减少为 5 种，出现 4 种新的羧酸，相对含量 0.232 ~ 21.876。环状化合物有 18 种，其中带有苯环的物质有 14 种。在 72h 的处理液中，检测到 44 种有机物，没有检测到羧酸，说明羧基（—COOH）容易发生光催化反应转化为其他官能团。但其中醇类物质明显增加，酯类物质有所减少，酮类物质 8 种，胺类物质也仅剩 1 种。没有烷烃、芳香烃、羧酸和酚类化合物，说明这几类物质已通过光催化反应转化为其他物质。相对含量 0.017 ~ 2.451，最高是邻苯二甲酸二异丁酯。环状化合物有 27 种，其中带有苯环的物质为 23 种。

表 5 - 3   不同时间光催化处理液中有机物种类

种类	烷烃	芳烃	羧酸	酯类	醇类	酚类	酮类	杂环	醛类	胺类	其他	总计
R	1	3	14	4	25	0	12	3	1	5	2	72
24h	14	1	0	19	2	1	7	0	1	3	5	53
48h	7	0	4	17	5	0	5	0	4	8	1	51
72h	0	0	0	12	16	0	8	4	2	1	1	44

注：匹配度≥70%。

对比表 5 - 2、表 5 - 4 ~ 表 5 - 6 不同种类有机物的相对含量，可以看出，随着时间的延长，光催化处理液中各种有机物的浓度大大降低。在光催化 72h 的处理液中，检测到的都是新的有机物，几乎不存在与原液中相同的有机物，说明渗滤原液中所有有机物在光催化作用下都发生了转化[17]。这些新的物质不但浓度较低，而且分子量较小，很多属于更易生物降解的有机物，这一点与光催化处理后垃圾渗滤液的宏量指标 COD、DOC 和色度去除效果明显的宏观表现一致。值得注意的是，在不同时间光催化处理液中苯甲酸甲酯均有检出，而且浓度都很高，特别是在 24h 和 48h 光催化氧化处理液中相对含量分别高达 18.578 和 21.876，但在 72h 处理液和垃圾原液中均没有检出，说明苯甲酸甲酯是光催化氧化过程中的一种重要中间产物。

表 5-4　24h 光催化处理液中有机物种类

序号	保留时间 /min	相对含量	有机化合物	分子式	匹配度（%）
1	13.408	11.24	苯甲酸甲酯	$C_8H_8O_2$	97
2	15.871	0.32	3-乙基-苯甲醛	$C_9H_{10}O$	93
3	17.72	1.00	六甲基苯	$C_{12}H_{18}$	95
4	18.898	1.78	庚酸酐	$C_{14}H_{26}O_3$	80
5	19.165	2.54	2-戊烯-1-庚酸酯	$C_{12}H_{22}O_2$	79
6	19.332	0.42	1-（4-乙基苯基）乙酮，	$C_{10}H_{12}O$	95
7	20.513	0.5	4-乙基-苯甲酸甲酯	$C_{10}H_{12}O_2$	89
8	28.561	0.46	丁基羟基甲苯	$C_{15}H_{24}O$	75
9	30.753	0.69	3-二异丙基甲硅烷基氧基己-4-炔	$C_{12}H_{24}OSi$	76
10	31.677	3.91	2，2，4-三甲基-1，3-戊二醇二异丁酸酯	$C_{16}H_{30}O_4$	82
11	32.205	0.8	十六烷	$C_{16}H_{34}$	98
12	32.354	0.64	异雪松醇	$C_{15}H_{26}O$	94
13	33.748	0.82	2，6，10-三甲基十五烷	$C_{18}H_{38}$	86
14	34.734	0.44	4-羟基-3，5-二甲氧基苯基乙酮	$C_{10}H_{12}O_4$	87

· 177 ·

序号	保留时间 /min	相对含量	有机化合物	分子式	匹配度（%）
15	35.422	1.47	正十七烷	$C_{17}H_{36}$	98
16	35.529	1.58	2，6，10，14 - 四甲基十五烷	$C_{19}H_{40}$	98
17	36.117	0.73	甲基异肉蔻酸酯	$C_{15}H_{30}O_2$	97
18	37.037	2.82	2 - 甲基 - 十四烷酸甲酯	$C_{16}H_{32}O_2$	90
19	37.285	0.62	2 - 甲基十七烷	$C_{18}H_{38}$	87
20	38.336	1.55	正十八烷	$C_{18}H_{38}$	98
21	38.514	2.29	2，6，10，14 - 四甲基十六烷	$C_{20}H_{42}$	98
22	38.776	0.85	十四酸甲酯	$C_{15}H_{30}O_2$	82
23	38.983	0.69	9 - 甲基十四烷酸甲酯	$C_{16}H_{32}O_2$	93
24	39.072	1.3	3，6，6 - 三甲基 - 十一烷基 - 2，5，10 - 三酮	$C_{14}H_{24}O_3$	70
25	39.85	6.67	邻苯二甲酸二异丁基酯	$C_{16}H_{22}O_4$	90
26	40.989	2.2	11 - 十六碳烯酸甲酯	$C_{17}H_{32}O_2$	83
27	41.179	0.4	1 - 甲基 - 十二烷基苯	$C_{19}H_{32}$	64
28	41.654	4.35	十六烷酸甲酯	$C_{17}H_{34}O_2$	89
29	42.295	3.3	邻苯二甲酸二丁酯	$C_{16}H_{22}O_4$	96
30	43.542	0.59	正二十烷	$C_{20}H_{42}$	89
31	45.684	0.67	亚油酸甲酯	$C_{19}H_{34}O_2$	89
32	45.862	1.26	8 - 十八碳烯酸甲酯	$C_{19}H_{36}O_2$	91
33	45.999	0.54	顺式 - 十八碳烯 - 11 - 烯酸甲酯	$C_{19}H_{36}O_2$	94
34	46.509	1.26	十八烷酸甲酯	$C_{19}H_{38}O_2$	92
35	47.578	1.34	十六碳酰胺	$C_{16}H_{33}NO$	90
36	47.975	0.39	4 - （乙酰氧基） - 3 - 甲氧基苯甲醛	$C_{10}H_{10}O_4$	73
37	48.189	0.85	正二十二烷	$C_{22}H_{46}$	93
38	50.355	0.46	正二十三烷	$C_{23}H_{48}$	95
39	51.459	0.52	油酸酰胺	$C_{18}H_{35}NO$	80

序号	保留时间 /min	相对 含量	有机化合物	分子式	匹配度 （%）
40	52. 029	0. 62	硬脂酰胺	$C_{18}H_{37}NO$	83
41	54. 267	1. 00	二十二酸	$C_{22}H_{44}O_2$	91
42	54. 415	0. 69	正二十八烷	$C_{28}H_{58}$	95
43	54. 896	0. 82	邻苯二甲酸二异辛酯	$C_{24}H_{38}O_4$	91
44	54. 955	0. 77	二十二烷酸甲酯	$C_{23}H_{46}O_2$	98
45	60. 089	1. 82	反角鲨烯	$C_{30}H_{50}$	99
46	61. 68	1. 26	二十六烯	$C_{26}H_{52}$	99
47	61. 941	1. 78	2 - 二十七酮	$C_{27}H_{54}O$	98
48	63. 49	0. 46	十六烷基 - 1，4 - 磺内酯	$C_{16}H_{32}O_3S$	70
49	63. 995	0. 74	2 - 溴 - 十八烷基醛	$C_{18}H_{35}BrO$	76
50	65. 033	13. 27	二十八烷醇	$C_{28}H_{58}O$	96
51	65. 265	1. 41	2 - 二十九酮	$C_{29}H_{58}O$	83
52	65. 473	0. 75	二十八酸甲酯	$C_{29}H_{58}O_2$	97
53	68. 826	4. 72	17 - 三十五碳烯	$C_{35}H_{70}$	93

表 5 - 5　48h 光催化处理液中有机物种类

序号	保留时间 /min	相对 含量	有机化合物	结构式	匹配度 （%）
1	7. 823	0. 361	2（5H） - 呋喃酮	$C_4H_4O_2$	94
2	7. 888	0. 245	丁内酯	$C_4H_6O_2$	90
3	9. 414	1. 372	二甘醇	$C_4H_{10}O_3$	96
4	11. 23	0. 342	3 - 甲基 - 2 - 羟基 - 2 - 环戊烯 - 1 - 酮	$C_6H_8O_2$	93
5	11. 958	0. 723	戊酰胺	$C_5H_{11}NO$	74
6	12. 316	0. 678	己酸乙烯基酯	$C_8H_{14}O_2$	72
7	12. 429	0. 335	苯乙酮	C_8H_8O	94
8	13. 521	21. 876	苯甲酸甲酯	$C_8H_8O_2$	97

序号	保留时间/min	相对含量	有机化合物	分子式	匹配度（％）
9	13.841	0.582	壬醛	$C_9H_{18}O$	86
10	15.503	1.336	己酰胺	$C_6H_{13}NO$	91
11	15.913	0.479	3 - 乙基苯甲醛	$C_9H_{10}O$	91
12	16.53	0.285	4 - 乙基苯甲醛	$C_9H_{10}O$	95
13	17.474	0.443	癸醛	$C_{10}H_{20}O$	83
14	17.725	1.000	六甲基苯	$C_{12}H_{18}$	93
15	17.812	0.441	1，3，3 - 三甲基 - 2 - 氧杂二环［2.2.2］辛烷	$C_{10}H_{18}O_2$	94
16	18.287	0.460	丁酸环己酯	$C_{10}H_{18}O_2$	94
17	18.945	0.698	庚酸酐	$C_{14}H_{26}O_3$	79
18	19.361	0.247	对乙基苯乙酮	$C_{10}H_{12}O$	95
19	20.536	0.344	1，4 - 二甲基苯甲酰胺	$C_9H_{11}NO$	90
20	21.177	0.678	水合萜品	$C_{10}H_{20}O_2$	91
21	23.243	0.459	1 - 十二烯	$C_{12}H_{24}$	93
22	31.683	1.156	乳酸甲酯	$C_4H_8O_3$	80
23	36.111	0.358	十四酸甲酯	$C_{15}H_{30}O_2$	70
24	37.043	1.088	十四（烷）酸乙酯	$C_{34}H_{68}O_2$	90
25	37.185	0.291	十二酰胺	$C_{12}H_{25}NO$	76
26	38.336	0.336	十八烷	$C_{18}H_{38}$	94
27	38.995	0.369	十五烷酸甲酯	$C_{16}H_{32}O_2$	70
28	39.856	2.741	异丁基辛基邻苯二甲酸，	$C_{23}H_{36}O_5$	90
29	40.99	0.537	十一烯酸甲酯	$C_{18}H_{34}O_2$	95
30	41.079	0.256	邻苯二甲酸二异辛酯	$C_{24}H_{38}O_4$	78
31	41.174	2.280	N，N - 二甲基 - 1 - 十六烷基胺	$C_{18}H_{39}N$	93
32	41.654	1.684	十六酸甲酯	$C_{17}H_{34}O_2$	99
33	42.307	1.415	邻苯二甲酸二（2 - 乙基己）酯	$C_{24}H_{38}O_4$	96

序号	保留时间/min	相对含量	有机化合物	分子式	匹配度（%）
34	45.868	0.695	顺式十八碳 － 9 － 烯酸	$C_{18}H_{34}O_2$	96
35	46.076	1.796	十八烷基二甲基叔胺	$C_{20}H_{43}N$	90
36	46.509	0.529	十八酸甲酯	$C_{19}H_{38}O_2$	99
37	47.637	3.215	十六碳酰胺	$C_{16}H_{33}NO$	97
38	48.195	0.418	正二十二烷	$C_{22}H_{46}$	95
39	48.705	0.607	2 － 十三碳烯酸	$C_{13}H_{24}O_2$	92
40	50.35	0.272	二十三烷	$C_{23}H_{48}$	95
41	51.489	0.782	（Z） － 9 － 十八烯酸酰胺	$C_{18}H_{35}NO$	98
42	52.053	1.157	十八酰胺	$C_{18}H_{37}NO$	96
43	54.267	0.445	（Z） － 9 － 二十三碳烯	$C_{23}H_{46}$	99
44	54.896	0.232	邻苯二甲酸二（2 － 乙基己）酯	$C_{24}H_{38}O_4$	91
45	60.095	0.414	角鲨烯	$C_{30}H_{50}$	99
46	61.674	0.872	1 － 二十六烯	$C_{26}H_{52}$	97
47	61.941	0.615	14 － 二十七酮	$C_{27}H_{54}O$	93
48	65.033	8.317	普利醇	$C_{28}H_{58}O$	95
49	65.467	0.283	二十八酸甲酯	$C_{29}H_{58}O_2$	98
50	68.844	3.635	1 － 三十烷醇	$C_{30}H_{62}O$	80
51	73.741	0.996	邻苯二甲酸单二甲基环己酯	$C_{16}H_{20}O_4$	70

表 5 － 6　72h 光催化处理液中有机物种类

序号	保留时间/min	相对含量	有机化合物	分子式	匹配度（%）
1	6.347	0.332	环己甲醇	$C_7H_{14}O$	79.0
2	13.793	0.053	壬醛	$C_9H_{18}O$	71
3	17.447	0.046	癸醛	$C_{10}H_{20}O$	75.3
4	17.674	0.848	1，3，3 － 三甲基 － 2 － 氧杂双环［2.2.2］辛烷 － 6 － 醇	$C_{10}H_{18}O_2$	88.1

序号	保留时间/min	相对含量	有机化合物	分子式	匹配度（%）
5	17.725	1	六甲苯	$C_{12}H_{18}$	93.0
6	18.144	0.094	2，6，6 - 三甲基 - 双环（3.1.1）庚烷 - 2，3 - 二醇	$C_{10}H_{18}O_2$	89.7
7	18.696	0.027	喹唑啉	$C_8H_6N_2$	89.0
8	19.551	0.041	1 - 甲基 - 2 - 十酮	$C_{10}H_{14}O_2$	73.8
9	20.685	0.12	2 - 甲基 - 喹唑啉	$C_9H_8N_2$	82.4
10	21.963	1.321	4 - 甲基 - 喹唑啉	$C_9H_8N_2$	89.7
11	23.802	0.101	2，4 - 二甲基 - 喹唑啉	$C_9H_8N_2$	96.6
12	25.035	0.042	4 - 乙基 - 4h - 1，2，4 - 三唑 - 3 - 胺	$C_4H_8N_4$	77.4
13	27.49	1.301	1 - 月桂醇	$C_{12}H_{26}O$	90.5
14	28.19	0.082	2，6，6 - 三甲基 - 2 - 环己烯 - 1 - 甲酸甲酯	$C_{11}H_{18}O_2$	71.8
15	29.077	0.064	DH - 龙涎香酯	$C_{14}H_{24}O_2$	80.2
16	29.709	0.084	二氢茉莉酮酸甲酯	$C_{13}H_{22}O_3$	83.8
17	29.873	0.112	2，3，6，6 - 四甲基 - 2 - 环己烯 - 1 - 甲酸乙酯	$C_{13}H_{22}O_2$	77.2
18	32.201	0.113	壬酸 - 2 - 丙烯酯	$C_{12}H_{22}O_2$	77.0
19	32.942	0.111	1，4 - 环己烷二碳酰肼	$C_8H_{16}N_4O_2$	70
20	34.057	0.017	4 - 辛氧基苯酚	$C_{14}H_{22}O_2$	71.1
21	34.635	0.158	3 - （4 - 羟基 - 4 - 甲基戊基）- 3 - 环己烯 - 1 - 甲醛	$C_{13}H_{22}O_2$	71.4
22	34.830	0.112	2，6，10 - 三甲基 - 9 - 烯 - 十一醛	$C_{14}H_{26}O$	76.1
23	35.168	0.169	2 - 丙烯酸十二烷基酯	$C_{15}H_{28}O_2$	91.0
24	35.875	0.395	柏木烯醇	$C_{15}H_{24}O$	85.0
25	36.271	0.269	新铃兰醛	$C_{13}H_{22}O_2$	90.3

序号	保留时间／min	相对含量	有机化合物	分子式	匹配度（％）
26	36.447	0.173	三十七醇	$C_{37}H_{76}O$	73.5
27	36.621	0.186	（E）－3，7－二甲基－2，6－辛二烯醇－3－甲基丁酸酯	$C_{15}H_{26}O_2$	73.0
28	36.882	0.197	1－二十醇	$C_{20}H_{42}O$	71.3
29	37.02	0.128	2－派啶酮，N－［4－溴化丁基醇］	$C_9H_{16}BrNO$	76.2
30	37.559	0.0183	桉叶醇	$C_{15}H_{26}O$	75.3
31	37.946	0.145	3，7，11－3，3－三甲基－1－十二烷醇	$C_{15}H_{32}O_2$	83.9
32	38.550	0.144	3－羟基－1－金刚烷基甲基丙烯酸酯	$C_{14}H_{20}O_3$	74.8
33	38.658	1.052	beta－桉叶醇	$C_{15}H_{26}O$	88.2
34	39.813	2.451	邻苯二甲酸二异丁酯	$C_{16}H_{22}O_4$	92.4
35	41.057	0.45	邻苯二甲酸丁十四酯	$C_{20}H_{30}O_4$	83.6
36	41.639	1.185	十六酸甲酯	$C_{17}H_{34}O_2$	88.0
37	42.28	0.365	酞酸二丁酯	$C_{16}H_{22}O_4$	92.4
38	43.405	0.24	三氯醋酸十六烷基酯	$C_{18}H_{33}Cl_3O_2$	81.6
39	43.563	0.39	2－十九烷酮	$C_{19}H_{38}O$	83.5
40	44.029	0.37	十三烷	$C_{13}H_{24}O_2$	75.4
41	45.863	0.142	岩芹酸甲酯	$C_{19}H_{36}O_2$	74.6
42	46.511	0.145	十八酸甲酯	$C_{19}H_{38}O_2$	76.3
43	54.893	0.251	邻苯二甲酸二异辛酯	$C_{24}H_{38}O_4$	90.4
44	57.047	0.134	辛可芬	$C_{16}H_{11}NO_2$	71
45	77.695	0.06	抗氧剂 DLTP	$C_{30}H_{58}O_4S$	74.6

5.4　光催化处理渗滤液的物质转化规律和机理

根据光催化氧化作用机理，光催化处理垃圾渗滤液过程中自由基、污染物以及新生成的中间产物之间会发生复杂的链式反应。目前，水中可能存在的各类主要有机污染物均已被尝试用光催化氧化法进行分解，适宜条件下，几乎所有有机物都可以发生光催化氧化反应，最终生成 CO_2、H_2O，NO_3^- 和 HCl 等无机物[17~19]。这说明多相光催化技术在水中有机污染物治理领域具有良好应用前景。但是现有的报道大多是对单一有机物体系的降解情况进行研究，对于多组分共存体系的研究相对较少[20]。究竟光催化氧化对多种共存有机物体系的降解规律如何，有没有可以优先降解的有机物，含有哪些官能团的物质更易发生光催化反应、哪些又比较稳定，这些实际问题都需要进一步探讨。而且，有机物在光催化降解过程中会生成一系列中间产物，可能某些中间产物比母体分子的毒性更大，对环境造成的危害更大。因此，研究有机物光催化降解机理对其应用具有十分重要的意义[21,22]。

早在 20 世纪 80 年代就有学者[23]以较难氧化的正十六烷为对象，对 UV/TiO_2 光催化氧化低碳烃做了详细的研究，表明较稳定的长链烷烃可以完全分解成 H_2 和 CO_2。脂肪烃在光催化氧化作用下的降解历程是首先氧化成相应的醇、醛、羟酸等中间产物，最后脱羧生成二氧化碳和低碳烃，如此逐级氧化直至完全矿化。反应过程可以简单表示为：

$$RCH_3 \xrightarrow{1} RCH_2OH \xrightarrow{2} RCHO \xrightarrow{3} RCOOH \xrightarrow{4} RH \cdots\cdots \rightarrow CO_2 + H_2O$$

以上是公认的脂肪烃光催化氧化反应历程，生成的羧酸通过 Kolbe 反应分解成低级烃及 H_2 和 CO_2，但也有可能发生光催化羧酸脱羧的 Photo – Kolbe 聚合反应[24]。Photo – Kolbe 反应是 1977

年由 Kraeutler 和 Bard[25,26] 报道的，指乙酸盐在光催化作用下脱羧后生成甲基自由基，甲基自由基又两两耦合产生乙烷的过程，现多用于物质的光聚合制备。当自由基 R 是甲基（CH_3）时，反应式就是 Photo－Kolbe 反应的中间步骤。当烷基自由基引发单体生成单体自由基后，继续链增长至形成聚合物。有资料表明[27]，饱和长链羧酸能够像乙酸那样发生 Photo-Kolbe 反应，在纳米 TiO_2 的光催化作用下发生 β－脱羧生成相应的烷基自由基，然后引发烷基自由基的单体聚合，生成长链脂肪烃。其光催化聚合的机理如下：

脱羧反应

$$RCOOH + TiO_2 \xrightarrow{hv} R \cdot + CO_2 + H^+ \qquad (5-1)$$

光催化聚合反应

$$R \cdot + R \cdot \xrightarrow{UV, \ TiO_2} R - R \qquad (5-2)$$

Photo-Kolbe 反应由于简单明了，已成为研究半导体光催化性能和机理方面的一种模型反应，其主要包括上述的脱羧反应以及产物与烷基自由基的聚合反应[28,29]。在本实验中，从光催化降解垃圾渗滤液的产物变化可以推断有 Photo－Kolbe 反应发生。在反应初期（24h 内），羧酸由原液中的 14 种到完全消失，说明光催化过程优先进行的是羧酸的 Photo－Kolbe 反应，此过程生成大量烷基自由基，这些烷基自由基可能发生以下烷基自由基的单体聚合（见式 5－3）和烷基自由基与醇类作用生成酯（见式 5－4）两种转化途径，导致烷烃和酯类数目增加。醇类减少主要可能是其与烷基自由基的直接聚合或与羧酸生成酯类的聚合（式 5－4 和式 5－5 的反应），当然部分醇类的减少也可能是其直接转化为醛类（见式 5－6）。另外，光催化处理过程中酚类和醛类检出较少，说明酚类和醛类是光催化降解形成的存在时间很短的中间产物，意味着这两类物质较易发生光催化转化。

烷基自由基的单体聚合

$$R \cdot + R \cdot \xrightarrow{\text{UV, TiO}_2} R - R \qquad (5-3)$$

烷基自由基与醇类作用生成酯

$$R \cdot + R_1OH \xrightarrow{\text{UV, TiO}_2} R - O - R_1 \qquad (5-4)$$

醇类与羧酸作用生成酯

$$RCOOH + R_1OH \xrightarrow{\text{UV, TiO}_2} R - O - R_1 \qquad (5-5)$$

醇类脱氢转化为醛类

$$RCH_2OH \xrightarrow{\text{UV, TiO}_2} RCHO \qquad (5-6)$$

芳烃也可被 TiO_2 光催化氧化成 CO_2，但会有少量中间产物生成，如邻苯二酚、醌酚及己二烯二酸等。苯酚的光催化降解反应主要通过羟基化过程而完成。羟基自由基先与苯酚反应，生成二羟基环己二烯自由基再进一步氧化，脱水生成醌，最后降解为 CO_2，其简单过程如下（以苯酚为例）

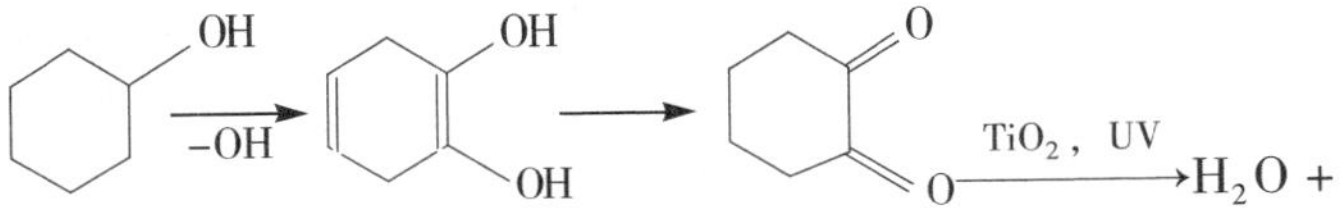

$$CO_2 + 其他 \qquad (5-7)$$

由表 5-3～表 5-6 可以看出，本实验在光催化反应第一阶段（24h 内），醇类数目减少，羧酸完全消失，酯类和烷烃类数量显著增多；第二阶段（48h）烷烃开始减少，而酯类保持稳定；第三阶段酯类减少，醇类大幅增加。由此推断，垃圾渗滤液中有机物的光催化降解物质类型由易到难顺序大致为：羧酸、酚类、醛类、醇类、芳香烃、胺类、脂肪烃、酮类、酯类。在第三阶段醇类的增多，可能来自光催化对新生成的小分子烷烃的氧化和酯类的光催化转化。在 72h 处理液中含 N 的杂环化合物种类有增加的现象，可能主要来自苯胺和氨基化合物的裂解，说明杂环化合物吡啶和嘧啶类物质较难被光催化氧化。

在整个光催化处理初期，苯甲酸甲酯持续增加，可能由于芳香烃类物质主要是酚类在光催化作用下首先转化为苯甲酸。苯甲酸有两种转化途径：一种是发生脱羧反应转变成苯基自由基，具有非常高的反应活性，仅次于甲基自由基，并与体系中甲基反应生成苯甲酸甲酯；另一种是苯甲酸与羟基自由基化合反应生成水杨酸，继续开环生成己烯二酸，直至完全矿化。根据实验结果，光催化处理48h内，以式5-8的反应为主；光催化处理后期（48h后），以反应式5-9为主。反应式如下：

$$（5-8）$$

$$（5-9）$$

另外，有资料表明[14,30,31]，含芳环的表面活性剂比仅含烷基或烷氧基的更易断链降解实现无机化，表现为直链部分降解速度较慢。在含芳环表面活性剂降解过程中，大部分羟基自由基进攻芳环，少部分氧化烷氧基，而烷基链的氧化可不考虑。在本实验中也可以看到有类似现象，光催化过程中羟基自由基优先攻击苯环，导致处理液的芳香环类物质减少，直链烷烃数目增加，芳香性逐渐减小。单纯的长链烷烃部分采用光催化降解反应虽然还较难完全氧化成 CO_2，但随着有机物苯环部分的破坏，毒性大为降低，生成的长链烷烃副产物对环境的危害小。在48h的处理液中，胺类有7种，而在72h处理液中，仅余一种，但杂环类物质增加了4种，是由胺类物质光催化转化为而来，具体转化机理有待进一步探讨。

5.5　本章小结

本章主要通过分析光催化氧化过程中渗滤液 DOM 的 GC/MS 分析，讨论了渗滤液及光催化处理液中有机物的种类组成及相对含量，结合现有光催化氧化基本理论，探讨了光催化氧化处理渗滤液过程中不同种类有机物的转化规律和降解机理。主要得出以下结论。

1）垃圾渗滤原液的 GC/MS 分析说明，渗滤液中匹配度在70% 以上有机物多达 72 种，包括烷烯烃类、醇类、酮类、羧酸酯类、醚类、酰胺类和杂环类等多种不同官能团物质。主要含有 C═O 和羟基的醇类、羧酸类和酮类化合物；有一定数量的胺类、酯类和芳香烃类有机物；含 N 类有机物占有一定比例，其次还含有一定量的 S 元素。从数目上看醇类接近 35% 以上，有机酸约占20% ，酮类约占 18% ，这三类有机化合物占有机物总数目 70% 以上，是渗滤液中的有机物的主要组成。

2）不同时间光催化氧化处理液的 GC/MS 分析结果表明，光催化处理过程中有机物的种类和数量发生了较大变化；从光催化过程整体来看，醇类物质变化明显，处理初期减少，中后期又明显增多；酯类物质初期增加，后期有所减少；酮类物质初中期减少，后期增加。烷烃、芳香烃、羧酸和酚类化合物在 72h 处理液中没有检出，说明这几类物质已通过光催化反应转化为其他物质。

3）根据不同处理时间物质种类的变化判断，垃圾渗滤液中有机物的光催化降解物质类型的先后依次大致为：酚类、羧酸、醛类、醇类、芳香烃、胺类、脂肪烃、酮类、酯类。苯甲酸甲酯是光催化氧化过程中的一种重要中间产物。光催化处理过程中发生了较多的 Photo‒Kolbe 聚合反应，因此在反应过程中酯类和长链烷烃类物质有所增加。在处理后期，烷烃类物质又通过光催化转化为其他物质。整体上看，光催化使垃圾渗滤液芳香性下降，联苯类和酯类物质在光催化处理过程中相对稳定。

参考文献

［1］吴建伟，张莘民．气相色谱／质谱（GC/MS）联用在我国环境监测中的应用［J］．中国环境监测，1999，15（4）：53－60.

［2］卢大胜，熊丽蓓，温忆敏，等．QuEChERS 前处理方法联合 GPC－GC/MS 在测定蔬菜水果农药残留中的应用［J］．质谱学报，2011，32（4）：229－235.

［3］王德庆，付群．GC 与 GC－MS 联用技术进展及其在环境中的应用［J］．分析测试学报，2007，26（9）：193－196.

［4］王爱琴，孙力平，张浩，等．预处理方式对测定渗滤液中有机污染物的影响［J］．中国给水排水，2010，26（6）：88－91.

［5］Cho S P，Hong S C，Hong S I：Study of the end point of photocatalytic degradation of landfill leachate containing refractory matter［J］．Chem Eng J，2004，98（3）：245－253.

［6］刘珊，高文毅，贾佳，等．GC－MS 法对垃圾渗滤液回灌处理前后有机成分的研究［J］．应用化工，2010，39（4）：543－548.

［7］张胜利，郑爽英，刘丹，等．超声波辅助萃取 GC/MS 法测定垃圾渗滤液中的有机污染物［J］．环境污染与防治，2008，30（7）：32－34，38.

［8］叶秀雅，周少奇，郑可．运用 GC－MS 技术分析垃圾渗滤液有机污染物的去除特性［J］．化工进展，2011，30（6）：1374－1378.

［9］张彩香．垃圾渗滤液中溶解有机质与内分泌干扰物相互

作用研究 [D]. 武汉：中国地质大学（武汉），2007.

[10] Jia C Z, Zhang C X, Qin Q Y, Fu L N, Wang Y X, Cepph Org C. Characteristic of Organic Pollutants in Landfill Leachate and the Influence on Aquatic Environment, 2010.

[11] 刘军，鲍林发，汪苹. 运用 GC – MS 联用技术对垃圾渗滤液中有机污染物成分的分析 [J]. 环境污染治理技术与设备，2003，4（8）：31 – 33.

[12] Jia C Z, Zhang C X, Li M D, Gong J, Wang Y X: Characterization of organic pollutants in landfill leachate and groundwater around MSW using GC – MS with SPE [M]. Calibration and Reliability in Groundwater Modeling: Managing Groundwater and the Environment, 2009: 361 – 364, 586.

[13] man C, Hynning P. Identification of organic compounds in municipal landfill leachates [J]. Environ Pollut, 1993, 80（3）: 265 – 271.

[14] Marttinen S K, Kettunen R H, Rintala J A. Occurrence and removal of organic pollutants in sewages and landfill leachates [J]. The Science of the total environment, 2003, 301（1 – 3）: 1 – 12.

[15] 周文敏，傅德黔，孙宗光. 中国水中优先控制污染物黑名单的确定 [J]. 环境科学研究，1991（6）：9 – 12.

[16] Kulikov S M. Priority Pollutants in Drinking-Water-Regulations, Analysis, Decontamination [J]. Sibirskii Khim Zh +, 1992（6）：111 – 123.

[17] Hoffmann M R, Martin S T, Choi W, Bahnemann D W. Environmental applications of semiconductor photocatalysis [J]. Chemical Reviews, 1995, 95（1）: 69 – 96.

[18] Hoffmann M R, Martin S T, Choi W, Bahneman D W.

Applications of semiconductor photocatalysis [J]. Chem Rev, 1995, 95 (1): 69-96.

[19] Mills A, Hunte S L. An overview of semiconductor photocatalysis [J]. Journal of Photochemistry and Photobiology-Chemistry Section, 1997, 108 (1): 1-36.

[20] Poblete R, Otal E, Vilches L F, Vale J, Fernandez-Pereira C. Photocatalytic degradation of humic acids and landfill leachate using a solid industrial by-product containing TiO_2 and Fe [J]. Applied Catalysis B: Environmental, 2010.

[21] Pérez-Estrada L A, Agüera A, Hernando MD, Malato S, Fernández-Alba A R. Photodegradation of malachite green under natural sunlight irradiation: Kinetic and toxicity of the transformation products [J]. Chemosphere, 2008, 70 (11): 2068-2075.

[22] Naomi L, Peller J, Vinodgopal K, Kamat P V. Combinative sonolysis and photocatalysis for textile dye degradation [J]. Environ Sci Technol, 2000, 34 (9): 1747-1750.

[23] Hashimoto K, Kawai T, Sakata T. Photocatalytic Reactions of Hydrocarbons and Fossil-Fuels with Water-Hydrogen-Production and Oxidation [J]. J Phys Chem-Us, 1984, 88 (18): 4083-4088.

[24] Izumi I. The Heterogeneous Photocatalytic Decomposition of Benzoic Acid and Adipic Acid on Platinized TiO_2 Powder. The Photo-Kolbe Decarboxylative Route to the Breakdown of the Benzene Ring and to the Production to Butane. In. : DTIC Document, 1980.

[25] Langsdorf B L, MacLean B J, Halfyard J E, Hughes J A, Pickup P G. Partitioning and polymerization of pyrrole into perfluorosulfonic acid (Nafion) membranes [J]. J Phys Chem B, 2003, 107 (11): 2480-2484.

[26] Reece D A, Pringle J M, Ralph S F, Wallace G G.

Autopolymerization of pyrrole in the presence of a host/guest calixarene [J]. Macromolecules, 2005, 38 (5): 1616 – 1622.

［27］翁臻. 纳米 TiO_2 光催化聚合引发途径的研究 ［D］. 上海：复旦大学, 2008.

［28］Kaise M, Kondoh H, Nishihara C, Nozoye H, Shindo H, Nimura S, Kikuchi O. Photocatalytic reactions of acetic acid on platinum-loaded TiO_2: ESR evidence of radical intermediates in the photo-Kolbe reaction ［J］. J Chem Soc, Chem Commun, 1993 (4): 395 – 396.

［29］Herrmann J M, Tahiri H, Guillard C, Pichat P. Photocatalytic degradation of aqueous hydroxy-butandioic acid (malic acid) in contact with powdered and supported titania in water ［J］. Catalysis today, 1999, 54 (1): 131 – 141.

［30］Pelizzetti E, Minero C, Maurino V, Sclafani A, Hidaka H, Serpone N. Photocatalytic Degradation of Nonylphenol Ethoxylated Surfactants ［J］. Environmental Science & Technology, 1989, 23 (11): 1380 – 1385.

［31］Weijun W, Yun L. Progress in the treatment of organic pollutants by TiO_2 photocatalysis ［J］. Chemical Reagents, 2002, 24 (2): 80 – 85.

第六章 光催化氧化处理垃圾渗滤液的动力学特征

　　光催化氧化反应动力学的研究有助于理解反应历程，控制反应趋势，提高反应速率，掌握物质降解的最佳条件，获得的动力学参数可以指导大型实用光催化反应器的设计和优化。所以深入研究光催化反应动力学的规律和特征，对于充实光催化氧化的基本理论和指导实际应用具有重要意义。目前，对于光催化反应动力学的研究已有很多报道，但由于光催化氧化过程中有机污染物反应途径和降解过程复杂多变、中间产物数目众多、分析困难且反应速率受多种因素的影响等，所以对于反应机理和动力学的研究仍然存在许多问题，总体上还停留在设想和理论推测阶段[1,2]。而且目前对于光催化氧化动力学的研究成果大多是试验室模拟单一化合物的条件下获得的，对于复杂实际废水处理的动力学研究很少，所获得的动力学模型离实际废水处理的真实情况还存在很大差距[2~4]。另外，值得注意的是，目前有很多研究报道了DOM的存在对特定化合物的光催化降解动力学影响[5~9]，但对于DOM本身的降解动力学特征研究较少。这主要由于DOM的成分复杂，降解动力学指标难以确定，而以DOC作为动力学指标缺乏代表性。因此迫切需要从简单实用的角度，进一步验证和充实各种光催化动力学模型，深入研究复杂混合物共存的光催化降解动力学特征，建立符合复杂体系并且能用于大型反应器设计的多相光催化反应动力学模型[10]。

造成实际废水光催化降解反应动力学研究困难的原因主要有以下几点[11]：一是影响实际废水处理效率的因素众多且不易控制；二是实际废水中不同污染物之间可能存在降解的协同或拮抗作用，或是竞争性降解的现象，反应极其复杂；三是中间产物的生成可能使降解效率和规律发生阶段性变化；四是代表实际废水有机污染物降解效率的考察指标难以确定，不易进行定量分析；五是不同废水水质差异很大，降解效率和规律缺乏可比性，难以建立普遍适用的动力学模型。值得注意的是，目前大多数光催化反应动力学研究是针对实验室模拟单一化合物，由于实际废水处理过程中受多种因素影响，其光催化动力学的研究具有较大不确定性，报道较少。

本章通过不同处理条件下垃圾渗滤液 DOM 及其不同组分的光催化降解动力学模型的拟合和比较，讨论了光催化氧化处理垃圾渗滤液的反应动力学特征，以期能建立光催化氧化处理复杂体系有机物的多变量预测模型，充实光催化氧化基本理论，为光催化氧化技术的实际应用提供科学依据。

6.1 垃圾渗滤液 DOM 的光催化动力学特征分析

多年来，国内外许多学者对光催化反应动力学进行了深入的研究，并得到了一些符合特定条件的反应动力学模型。由于半导体光催化是多相表面反应，因此进行动力学研究时需要合理结合相关理论和反应机理来解释光催化反应动力学规律[10,12,13]。光催化氧化反应发生的位置是在溶液中还是催化剂表面一直存在争议，这一点对光催化反应动力学模型的建立非常重要。大部分研究者认为 TiO_2 表面的氢氧自由基只与吸附在催化剂表面的物种进行氧化反应；也有人认为反应是由 TiO_2 表面产生的氢氧自由基进入液相后与污染物作用[14,15]。Yansg[16] 等研究光催化降解动力学时认为，光催化反应是经由两条互相独立的途径完成的：一条途径是物质吸附在催化剂表面被直接氧化；另一条途径是具有氧化能力的自由基扩散到催化剂表面与液相物质发生作用，因而总反应速率由这两部分组成。大多数研究认为光催化氧化是表面反应，实质上指在所研究的体系中表面反应是反应速率的控制步骤。在一个具体的反应体系中，反应位置的比例取决于有机物（包括降解的中间产物及副产物）在催化剂表面吸附能力的大小及多种影响因素（如 pH、温度、催化剂颗粒及晶型等）[15,17,18]。对大多数有机物特别是在催化剂表面有较强吸附的有机物分子来讲，表面反应可能占优势。当有机物在光催化剂表面的吸附很少甚至不吸附时，将主要依靠从表面脱附、扩散进入溶液中的·OH 的氧化反应，此时表面反应的意义将不大，但由于·OH 具有很高的反应活性，它在与有机物反应前不可能扩散到离表面太远的区域。尽管有机物的光催化氧化反应并不要求一定发生在催化剂表面，即并不要求有机物一定在光催化剂表面吸附，但强烈吸附的有机物无疑将具有较大的反应势，因而光催化与吸附是分不开的[19]。某些时候，吸附作用对光催化效率甚至具有决定作用，但不能充分说明其反应发生的位置是否在催化剂表面。不过研究光催化氧化反应动力学时，对大多数有机物及光催化剂而言吸附作用不可忽视。

化学反应动力学是研究化学反应速率及反应机理的科学，根据质量作用定律，反应速率与反应物浓度有下列关系：

$$-\mathrm{d}C/\mathrm{d}t = kC^n \qquad (6-1)$$

式 6-1 中，k 为表观反应速率常数；C 为表征反应物浓度的指标；n 为反应级数，当 $n=1$ 时反应为一级反应。式 6-1 积分后可整理为：

$$-\ln\,(C_0/C_t) = kt \qquad (6-2)$$

式 6-2 中，k 为反应速率常数，C_0 为污染物的初始浓度，C_t 表示 t 时刻污染物浓度，t 为反应时间；若该反应为一级反应，以 ln

(C_0/C_t) 对时间 t 作图应为一条直线。公式 6 - 1 和 6 - 2 是目前应用最多的描述化学反应的基本动力学方程，但其大多是应用于体系简单的单一化合物，对于复杂的实际废水需要根据实验数据进行拟合修正[20]。

值得注意的是，目前大多数光催化反应动力学研究是针对实验室模拟单一化合物，由于实际废水处理过程中受多种因素影响，其光催化动力学的研究具有较大不确定性，报道较少。其动力学研究首先需要适当简化研究条件，确定主要影响因素。本章在讨论光催化氧化处理垃圾渗滤液动力学特征时，主要采用以下简化方法：一是固定光强和曝气量，只考虑体系 pH 和 TiO_2 投加量对反应速率的影响；二是以表示有机物总量的 COD、DOC 以及色度为考察指标，比较拟合其反应动力学特征；三是把直接光解作用作为光催化反应的一部分。在以上条件的基础上，结合吸附理论，对目前公认的描述光催化动力学过程的 Langmuir-Hinshelwood（L - H）模型进行了讨论和修正。

6.1.1　Langmuir-Hinshelwood 动力学模型的理论基础

大多数研究者认为，在光催化氧化过程中污染物必须首先吸附在催化剂表面，才能发生光催化反应，即光催化反应主要发生在光催化剂表面。因此，光催化氧化反应速率受到污染物在光催化剂表面吸附速率和吸附量的影响。L - H 动力学模型是以吸附理论为基础，目前公认的描述光催化降解反应的基本动力学方程[14,21~24]。其基本假设为 TiO_2 光催化反应发生于催化剂粒子的表面，简单反应过程是：反应物分子首先吸附到 TiO_2 的表面，吸附物种与其他物种进行表面光催化反应，生成吸附于表面的产物，然后产物进行脱附。即模型是在假设光催化反应机理为"吸附 - 表面反应 - 脱附"的基础上建立的[25,26]。

假设只考虑目标物浓度的变化而忽略其中间产物的影响，其

基本表达式为

$$r = -\mathrm{d}C/\mathrm{d}t = -kKC/(1+KC) \quad\quad (6-3)$$

式中：r 为反应速率，C 为反应物浓度，k 为反应速率常数，K 为吸附平衡常数，t 为反应时间。

当反应物在催化剂表面覆盖度很高时，即 $KC > 1$，则 r 为常数

$$r = -kK = k_0 \quad\quad (6-4)$$

此时，$C_t - t$ 为直线关系，$L - H$ 模型表现为零级反应，k_0 为准零级反应速率常数。

当反应物在催化剂表面覆盖度很低时，即 $KC < 1$，则

$$r = -kKC = k_1 C \qu\quad (6-5)$$

结合式 6-5，式 6-3 积分转化后得

$$\ln(C_0/C_t) = kKCt = k_1 t \qu\quad (6-6)$$

此时 $\ln(C_0/C_t) \sim t$ 为直线关系，$L-H$ 方程表现为准一级反应，k_1 为准一级反应速率常数[27]。

式 6-6 是 $L-H$ 模型的准一级反应动力学方程，同时，污染物降解的半衰期可表示为：

$$T_{1/2} = \ln2/k \qu\quad (6-7)$$

对于大多数工业废水，有机物浓度均为 mg/L 级，其光催化降解过程可认为是假一级反应动力学。另外，在某些特定的情况下，光催化反应速率与浓度 C 呈指数关系[28]：$f(C) = KC^n$。$L-H$ 模型参数少，形式简单，广泛的应用于气-固、液-固相光催化反应动力学的研究中。

6.1.2　光催化氧化动力学级数的确定

假设光催化氧化降解垃圾渗滤液有机物的反应遵循一级或准一级反应，C 为表示垃圾渗滤液有机物浓度指标（COD、DOC 和色度），反应动力学方程用这三个指标可分别表示为：

$$\ln\,(\,COD_0/COD_t\,) = kt \qquad (6-8)$$

$$\ln\,(\,DOC_0/DOC_t\,) = kt \qquad (6-9)$$

$$\ln\,(\,Color_0/Color_t\,) = kt \qquad (6-10)$$

结合第三章光催化氧化处理条件数据，根据式6-8~式6-10，分别以 COD、DOC 和色度为考察指标，进行式6-6中 $\ln(C_0/C_t) - t$ 的拟合，拟合结果如图6-1所示，拟合方程及参数如表6-1所示。

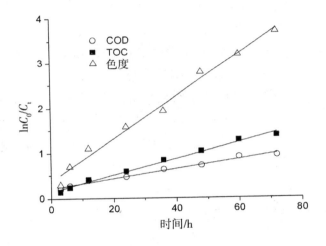

图6-1　光催化反应动力学拟合曲线

由图6-1可以看出，以 COD、DOC 和色度为考察指标所拟合曲线均为直线，其相关系数 R^2 都在0.95以上（如表6-1所示），说明光催化降解垃圾渗滤液中有机物的过程符合 $L-H$ 一级反应动力学模型。并且可以看出，色度的降解速率常数 k 明显大于 COD 和 DOC，半衰期又显著小于后两者，说明光催化降解对垃圾渗滤液色度有较好去除效果。

表 6-1　$L-H$ 模型反应动力学方程和参数

指标	方程	R^2	k	$T_{1/2}/h$
COD/（mg/L）	$\ln(C_0/C_t) = 0.0109t + 0.2195$	0.9724	0.0109	63.6
DOC/（mg/L）	$\ln(C_0/C_t) = 0.0175t + 0.1446$	0.9890	0.0175	39.7
色度/倍	$\ln(C_0/C_t) = 0.0299t + 0.4071$	0.9534	0.0300	23.2

6.1.3　反应速率常数 k 的确定和模型的建立

在光催化反应中，影响反应效率的因素主要有污染物浓度、光强、催化剂用量、体系 pH、温度等[29]。研究光催化反应动力学，就是研究其反应速率常数 k 与各种反应影响因素之间的函数关系，其通用的表示式为

$$k = f(C)\, f(I)\, f([TiO_2])\, f(H^+)\, f(T)\, \cdots f(n)$$

$$(6-11)$$

式中，k 为反应速率常数；C 为反应物浓度；I 为光强；$[TiO_2]$ 为催化剂浓度；H^+ 为氢离子活度，可用 pH 表示；T 为温度；n 为第 n 个影响因素。

在初始浓度、光强和曝气量固定的条件下，试验过程中主要考虑催化剂 TiO_2 投加量和 pH 两个影响因素（忽略其他因素影响）。式 6-11 中，反应速率常数可简化为

$$k = m([TiO_2])^a (pH)^b \qquad (6-12)$$

将 $n=1$ 和式 6-12 代入式 6-6 可得到反应动力学模型公式

$$-dC/dt = m([TiO_2])^a (pH)^b \qquad (6-13)$$

式中 m、a 和 b 为常数，在一定条件下，可对试验数据进行非线性回归加以确定。

1. 反应常数的确定

（1）常数 a 的确定

考察不同 TiO_2 投加量的光催化处理效果，试验条件为：渗滤液初始浓度和光强固定，pH = 4.0，曝气量 1.5L/min，试验结果按式 6 – 8 ～ 式 6 – 10 拟合 $\ln(C_0/C_t)$ – t 曲线，拟合结果如图 6 – 2 所示，拟合方程及参数如表 6 – 2 所示。

表 6 – 2 不同 TiO_2 用量的 L – H 动力学方程及参数

指标	$[TiO_2]$ /（g/L）	方程	R^2	K/h^{-1}	$T_{1/2}/h$
COD /（mg/L）	0.0	$\ln(C_0/C_t) = 0.0026t + 0.0456$	0.9389	0.0026	266.5
	0.5	$\ln(C_0/C_t) = 0.0040t + 0.0549$	0.9142	0.0040	175.0
	1.0	$\ln(C_0/C_t) = 0.0051t + 0.0778$	0.9225	0.0051	137.0
	2.0	$\ln(C_0/C_t) = 0.0109t + 02195$	0.9724	0.0109	63.6
	3.0	$\ln(C_0/C_t) = 0.0065t + 0.2416$	0.9822	0.0065	106.9
	4.0	$\ln(C_0/C_t) = 0.044t + 0.2442$	0.9685	0.0044	157.1
色度 /倍	0.0	$\ln(C_0/C_t) = 0.0008t + 0.0464$	0.6694	0.0008	870.1
	0.5	$\ln(C_0/C_t) = 0.0109t + 0.1948$	0.9283	0.0109	63.6
	1.0	$\ln(C_0/C_t) = 0.0124t + 0.2961$	0.9055	0.0124	55.7
	2.0	$\ln(C_0/C_t) = 0.0299t + 0.4071$	0.9434	0.0300	23.2
	3.0	$\ln(C_0/C_t) = 0.0344t + 0.5160$	0.9430	0.0344	20.1
	4.0	$\ln(C_0/C_t) = 0.0180t + 0.3841$	0.9533	0.0180	38.6
DOC /（mg/L）	0.0	$\ln(C_0/C_t) = 0.0018t + 0.0353$	0.9492	0.0018	376.6
	0.5	$\ln(C_0/C_t) = 0.0065t + 0.1598$	0.9605	0.0065	107.3
	1.0	$\ln(C_0/C_t) = 0.0088t + 0.1543$	0.9672	0.0088	79.0
	2.0	$\ln(C_0/C_t) = 0.0175t + 0.1446$	0.9890	0.0175	39.7
	3.0	$\ln(C_0/C_t) = 0.0344t + 0.1322$	0.9903	0.0127	54.5
	4.0	$\ln(C_0/C_t) = 0.0115t + 0.1363$	0.9916	0.0115	60.5

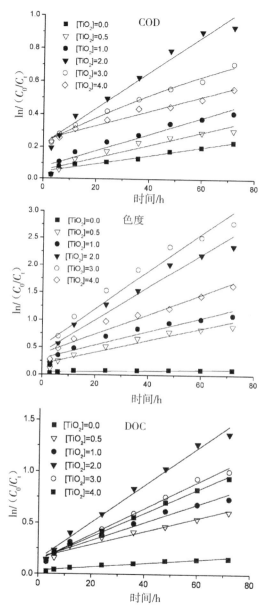

图 6 – 2　不同 TiO_2 用量的光催化动力曲线

经过对降解速率常数 k 和一定范围内催化剂 TiO_2 投加量（$\leqslant$ 2.0mg/L）关系的回归分析，得到反应速率常数和催化剂投加量之间的关系，

$$k = k_1 \left(\left[TiO_2 \right] \right)^a \tag{6-14}$$

根据表 6 - 2，可以分别得到 COD、色度和 DOC 这三个指标相应常数 k_1 和 a 值，COD：$k_1 = 0.00591h^{-1}$，$a = 0.8536$（$R^2 = 0.9100$）；Color：$k_1 = 0.0159h^{-1}$，$a = 0.7397$（$R^2 = 0.9047$）；DOC：$k_1 = 0.0099h^{-1}$，$a = 0.8396$（$R^2 = 0.9399$）；因此式 6 - 14 可以转化为：

COD 为指标：$k = 0.0059 \left(\left[TiO_2 \right] \right)^{0.8536}$ (6-15)

色度为指标：$k = 0.0159 \left(\left[TiO_2 \right] \right)^{0.7397}$ (6-16)

DOC 为指标：$k = 0.0099 \left(\left[TiO_2 \right] \right)^{0.8396}$ (6-17)

（2）常数 b 的确定

本试验考察了不同 pH 下的光催化处理效果，试验条件为：渗滤液初始浓度和光强固定，$\left[TiO_2 \right]$ = 2.0g/L，曝气量 1.5L/min，试验结果按式 6 - 8 ~ 式 6 - 10 拟合 $\ln \left(C_0 / C_t \right) - t$ 曲线，$\ln \left(C_0 / C_t \right) - t$ 曲线如图 6 - 3 所示，拟合方程及参数如表 6 - 3 所示。

经过对降解速率常数和一定范围内 pH（> 2.0）关系的回归分析，得到反应速率常数和 pH 的关系：

$$k = k_2 \left(pH \right)^b \tag{6-18}$$

根据表 6 - 3 数据，同样可以得到 COD、色度和 DOC 三个指标相应常数 k_2 和 b 值，COD：$k_2 = 0.0208h^{-1}$，$b = -0.4880$（$R^2 = 0.8357$）；色度：$k_2 = 0.0791h^{-1}$，$b = -0.6881$（$R^2 = 0.9724$）；DOC：$k_2 = 0.0571h^{-1}$，$b = -0.7958$（$R^2 = 0.8007$）；因此式 6 - 14 可以表示为：

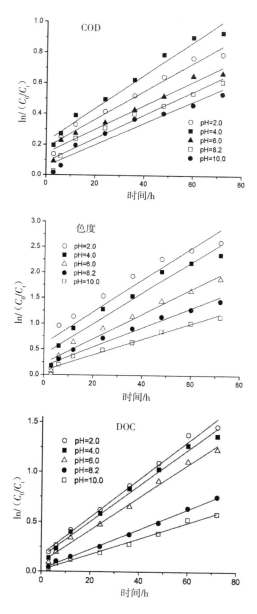

图 6 - 3　不同 pH 的光催化动力学拟合曲线

COD 为指标：$k = 0.0208 \, (\text{pH}])^{-0.4880}$ $\qquad$ (6 - 19)

色度为指标：$k = 0.0791 \, (\text{pH}])^{-0.6881}$ $\qquad$ (6 - 20)

DOC 为指标：$k = 0.0571 \, (\text{pH}])^{-0.7958}$ $\qquad$ (6 - 21)

表 6 - 3 不同 pH 的 $L-H$ 动力学方程及参数

指标	pH	方程	R^2	K	$T_{1/2}/\text{h}$
COD / (mg/L)	2.0	$\ln(C_0/C_t) = 0.0092t + 0.1813$	0.9679	0.0092	75.1
	4.0	$\ln(C_0/C_t) = 0.0109t + 0.2195$	0.9724	0.0109	63.6
	6.0	$\ln(C_0/C_t) = 0.0078t + 0.1458$	0.9556	0.0078	89.0
	8.2	$\ln(C_0/C_t) = 0.0077t + 0.0892$	0.9409	0.0077	90.6
	10.0	$\ln(C_0/C_t) = 0.0070t + 0.0605$	0.9283	0.0070	98.6
色度 /倍	2.0	$\ln(C_0/C_t) = 0.0313t + 0.6057$	0.8733	0.0313	22.2
	4.0	$\ln(C_0/C_t) = 0.0300t + 0.4002$	0.9407	0.0300	23.2
	6.0	$\ln(C_0/C_t) = 0.0241t + 0.2235$	0.9625	0.0241	28.8
	8.2	$\ln(C_0/C_t) = 0.0189t + 0.1703$	0.9451	0.0189	36.7
	10.0	$\ln(C_0/C_t) = 0.0153t + 0.0879$	0.9665	0.0153	45.2
COD / (mg/L)	2.0	$\ln(C_0/C_t) = 0.0190t + 0.1682$	0.9910	0.0190	36.5
	4.0	$\ln(C_0/C_t) = 0.0180t + 0.1446$	0.9881	0.0180	38.5
	6.0	$\ln(C_0/C_t) = 0.0163t + 0.0923$	0.9907	0.0163	42.4
	8.2	$\ln(C_0/C_t) = 0.0101t + 0.0243$	0.9974	0.0101	68.9
	10.0	$\ln(C_0/C_t) = 0.0080t + 0.0151$	0.9898	0.0080	87.0

综合以上结果，光催化氧化垃圾渗滤液的总氧化速率常数为

COD 为指标：$k = m_{\text{COD}} \, (\,[\text{TiO}_2]\,)^{0.8536} \, (\text{pH})^{-0.4880}$ (6 - 22)

色度为指标：$k = m_{\text{color}} \, (\,[\text{TiO}_2]\,)^{0.7397} \, (\text{pH})^{-0.6881}$ (6 - 23)

DOC 为指标：$k = m_{\text{DOC}} \, (\,[\text{TiO}_2]\,)^{0.8396} \, (\text{pH})^{-0.7958}$ (6 - 24)

相应速率方程分别为

COD 为指标：$-\mathrm{d}COD/\mathrm{d}t = m_{\text{COD}} \, (\,[\text{TiO}_2]\,)^{0.8536} \, (\text{pH})^{-0.4880}t$

$\qquad$ (6 - 25)

色度为指标：$-\mathrm{d}color/\mathrm{d}t = m_{\mathrm{color}}\left(\left[\mathrm{TiO_2}\right]\right)^{0.7397}\left(\mathrm{pH}\right)^{-0.6881}t$

$$(6-26)$$

DOC 为指标：$-\mathrm{d}DOC/\mathrm{d}t = m_{\mathrm{DOC}}\left(\left[\mathrm{TiO_2}\right]\right)^{0.8396}\left(\mathrm{pH}\right)^{-0.7958}t$

$$(6-27)$$

2. 动力学模型的确立和验证

在本实验中，反应条件固定在光强 $I = 0.078\mathrm{mW/cm}$，曝气量 $1.5\mathrm{L/min}$，催化剂投加量 $\left[\mathrm{TiO_2}\right] = 2.0\mathrm{mg/L}$，pH = 4.0，可以计算出各指标依次为：$m_{\mathrm{COD}} = 0.0119$，$m_{\mathrm{color}} = 0.0466$，$m_{\mathrm{DOC}} = 0.0182$；所以渗滤液有机物的总体光催化氧化速率常数表示为

COD 为指标：$k = 0.0199\left(\left[\mathrm{TiO_2}\right]\right)^{0.8536}\left(\mathrm{pH}\right)^{-0.4880}$

$$(6-28)$$

色度为指标：$k = 0.0466\left(\left[\mathrm{TiO_2}\right]\right)^{0.7397}\left(\mathrm{pH}\right)^{-0.6881}$

$$(6-29)$$

DOC 为指标：$k = 0.0182\left(\left[\mathrm{TiO_2}\right]\right)^{0.8396}\left(\mathrm{pH}\right)^{-0.7958}$

$$(6-30)$$

相应速率方程分别为

COD 为指标：$-\mathrm{d}COD/\mathrm{d}t = 0.0199\left(\left[\mathrm{TiO_2}\right]\right)^{0.8536}\left(\mathrm{pH}\right)^{-0.4880}t$

$$(6-31)$$

色度为指标：$-\mathrm{d}color/\mathrm{d}t = 0.0466\left(\left[\mathrm{TiO_2}\right]\right)^{0.7397}\left(\mathrm{pH}\right)^{-0.6881}t$

$$(6-32)$$

DOC 为指标：$-\mathrm{d}DOC/\mathrm{d}t = 0.0182\left(\left[\mathrm{TiO_2}\right]\right)^{0.8396}\left(\mathrm{pH}\right)^{-0.7958}t$

$$(6-33)$$

可以看出，$\mathrm{TiO_2}$ 投加量对渗滤液光催化影响强于 pH。为了验证式 6-31~式 6-33 的准确性，比较了在 $I = 0.078\mathrm{mW/cm}$，曝气量 $1.5\mathrm{L/min}$，$\left[\mathrm{TiO_2}\right] = 2.0\mathrm{mg/L}$，pH = 6.0 时光催化氧化处理渗滤液的实验值和模型预测值，结果如图 6-4 所示，表明试验结果比较符合模型预测值。

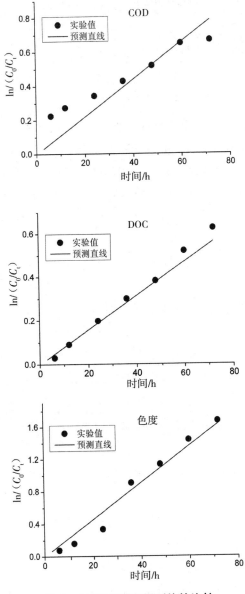

图 6 - 4　实验值和预测值的比较

综合以上分析说明，光催化氧化能有效地去除垃圾渗滤液中的有机物，影响渗滤液光催化氧化的因素包括 pH 值、TiO_2 投加量、光强（I）、曝气量等[30]。降低 pH 值，适当的催化剂浓度和曝气量可以提高渗滤液光催化处理效率。所建立的动力学模型能够较好地描述一级反应动力学常数与影响因素之间的关系。为了简化动力学模型，只考虑了 pH 值和 TiO_2 投加量的影响。需要注意的是，由于 L-H 模型描述的是以理想吸附为基础的动力学模型，而实际的光催化反应动力学非常复杂，所以在实际的工作中，需要对 L-H 动力学模式进行了修正[31]，以便更为客观地表达光催化的反应机理。

6.2　渗滤液 DOM 不同组分的光催化动力学特征分析

根据对反应动力学规律认识程度的差异，反应动力学模型一般可以划分为三类[32]。

1）机理动力学模型：根据测定的动力学数据和物理化学的观察研究，确定完成整个反应的各基元反应及其速率控制步骤，以此建立的反应动力学模型称为机理动力学模型。该模型可以外推到较宽的范围去模拟和预测反应器的行为。但这需要耗费大量的时间、人力和物力，而且对于一些简单的反应也需要经过长期的研究才能完全弄清机理。

2）半机理动力学模型：根据有关反应系统的化学知识，假定一系列化学反应，该假设的反应必须描述反应系统的主要特征，写出其化学计量方程，按照标准形式写出每个反应的速率方程，再根据实验数据估计模型参数，该方法建立也具有一定的外推能力。

3）经验动力学模型：根据模拟反应器反应条件对反应结果影响的研究，将所有结果用简单的代数方程或图表表达，该方法建立的模型称为经验模型。该模型不宜外推，而且采用该方法时，由于反应体系位置空间的变化会影响到降解效率[33]，因此反应器的形式和形状必须已经确定。

多相光催化氧化有机污染物的反应过程十分复杂，包含了许多自由基参与的链式反应。目前有关多相光催化氧化的动力学研究大多采用经典的 Langmuir – Hinshelwood 动力学方程来描述，研究对象大多数是实验室模拟的单一物质。实际废水光催化降解动力学研究往往采用总量指标 TOC 和 COD 等来考察。但是由于不同有机物的性质差别很大，光催化降解的动力学特征并不相同，使得实际废水动力学模型建立更加困难并且不确定性更大。如果再考虑随着反应过程中中间产物的变化，光催化氧化的动力学研究很具有挑战性[34]。

由于垃圾渗滤液中有机物众多，逐一对其进行动力学研究是不可能的。因此，如果能根据有机物的结构和官能团特征，对各种有机物分类研究其光催化氧化降解动力学特征，将大大简化研究内容，并且可以从动力学的角度说明有机物官能团的光催化氧化效应的差异，为不同有机物的光催化氧化处理提供重要参考。基于此，本节通过研究光催化氧化处理垃圾渗滤液过程中，垃圾渗滤液 DOM 不同组分的动力学特征差异，为 TiO₂ 多相光催化氧化垃圾渗滤液过程建立了更为详细的动力学模型，这对深入认识和研究 TiO₂ 多相光催化降解复杂体系有机物的降解机理有重要指导意义。由于本研究中 DOM 各组分结构较为复杂，针对不同结构官能团有机物的光催化反应机理尚处于探索阶段，还无法采用机理动力学模型和半机理动力学模型。因此根据现有实验数据对其进行了经验动力学模型的探讨，为进一步进行机理动力学模型的开展提供参考。

根据式 6－6，以 DOC 为考察指标，对光催化降解垃圾渗滤液过程中六种 DOM 不同组分的浓度变化进行 $\ln(C_0/C_t) - t$ 曲线的一级反应动力学模型拟合，拟合结果如表 6－4 所示。

表 6-4　$L-H$ 模型反应动力学方程和参数

指标	方程	R^2	K	$T_{1/2}/\mathrm{h}$
DOM	$\ln\left(C_0/C_t\right) = 0.0175t + 0.1913$	0.9890	0.0175	39.7
HOB	$\ln\left(C_0/C_t\right) = 0.0124t + 0.8825$	0.4764	0.0124	55.8
HOA	$\ln\left(C_0/C_t\right) = 0.0353t + 0.3141$	0.9213	0.0353	19.6
HON	$\ln\left(C_0/C_t\right) = 0.0329t + 0.3143$	0.8270	0.0329	21.0
HIB	$\ln\left(C_0/C_t\right) = 0.0177t - 0.5744$	0.7900	0.0177	39.2
HIA	$\ln\left(C_0/C_t\right) = 0.0016t - 0.0098$	0.6301	0.0016	438.7
HIN	$\ln\left(C_0/C_t\right) = 0.0398t - 0.2974$	0.9455	0.0398	17.4

由表 6-4 可知，HOA、HON 和 HIN 较好符合 $L-H$ 一级反应动力学模型。但其他三种组分 HOB、HIB 和 HIA 拟合效果较差，尤其是 HOB。因此需要采用适当动力学模型的修正。利用 Origin8.0 软件中的非线性回归拟合的相关系数和函数，拟合了 HOB、HIB 和 HIA 三种组分的修正动力学方程，通过对比，得到如下 R^2 值较高的拟合方程：

$$\text{HOB：} y = 1.4023 - 0.0297\ln x + 3.55 \times 10^{-5} \times \left(\ln x\right)^2$$
$$R^2 = 0.9075 \tag{6-34}$$

$$\text{HIB：} y = 0.6521 - \frac{0.9422}{\left(1 + e^{(x-47.4789/0.5107)}\right)}$$
$$R^2 = 0.8939 \tag{6-35}$$

$$\text{HIA：} y = 0.1194 - \frac{0.1017}{\left(1 + e^{(x-52.6013)/3.1143}\right)}$$
$$R^2 = 0.9584 \tag{6-36}$$

HOB 的变化符合 Origin 8.0 软件中 Nonlinear curve fitting 的 Polynomial 函数，HIB 和 HIA 的变化符合 Origin 8.0 软件中 Nonlinear curve fitting 的 DoseResp 的拟合函数。

6.3 本章小结

本章主要讨论了光催化氧化处理垃圾渗滤液过程中的动力学特征，通过不同处理条件下动力学模型拟合比较，确定了光催化处理垃圾渗滤液的反应动力学方程，并且比较了不同 DOM 组分的光催化反应动力学差异。主要得到以下结论。

1）垃圾渗滤液光催化降解的动力学较好符合 Langmuir – Hinshelwood 模型的一级反应，该模型是以吸附理论为基础。为了简化研究，在固定辐射光强、曝气量的条件下，考察了 pH 和 TiO_2 投加量对一级反应速率的影响，并通过回归分析，确定了其一级反应速率方程，通过实验结果与模型计算结果的比较表明，试验结果较好符合模型预测值。

2）渗滤液 DOM 不同组分光催化降解动力学差异较大，HOA、HON 和 HIN 三种组分较好符合 $L – H$ 一级反应动力学模型。通过非线性回归分析，拟合了其他三种 DOM 组分的光催化降解动力学模型，HOB 的变化符合 Origin 8.0 软件中 Nonlinear curve fitting 的 Polynomial 函数，HIB 和 HIA 的变化符合 Origin 8.0 软件中 Nonlinear curve fitting 的 DoseResp 函数。

参考文献

［1］李佑稷，陈伟，李雷勇．比表面积和吸附强度对 TiO_2/活性炭复合体光催化降解酸性红 27 活性和动力学的影响［J］．物理化学学报，2011，27（7）：1751 – 1756.

［2］Konstantinou I K，Albanis T A. TiO_2-assisted photocatalytic degradation of azo dyes in aqueous solution：kinetic and mechanistic investigations：A review［J］. Applied Catalysis B：Environmental，2004，49（1）：1 – 14.

［3］Jiang D，Zhang S，Zhao H. Photocatalytic degradation

characteristics of different organic compounds at TiO_2 nanoporous film electrodes with mixed anatase/rutile phases [J]. Environ Sci Technol, 2007, 41 (1): 303 -308.

[4] Daneshvar N, Rabbani M, Modirshahla N, Behnajady M A. Kinetic modeling of photocatalytic degradation of Acid Red 27 in UV/ TiO_2 process [J]. Journal of Photochemistry and Photobiology A: Chemistry, 2004, 168 (1 -2): 39 -45.

[5] Bachman J, Patterson H H. Photodecomposition of the carbamate pesticide carbofuran: kinetics and the influence of dissolved organic matter [J]. Environmental Science & Technology, 1999, 33 (6): 874 -881.

[6] Wang L, Kim C N. On the feasibility and reliability of nonlinear kinetic parameter estimation for a multi-component photocatalytic process [J]. Korean J Chem Eng, 2001, 18 (5): 652 -661.

[7] Bellobono I R, Rossi M, Testino A, Morazzoni F, Bianchi R, De Martini G, Tozzi P M, Stanescu R, Costache C, Bobirica L. Influence of irradiance, flow rate, reactor geometry, and photopromoter concentration in mineralization kinetics of methane in air and in aqueous solutions by photocatalytic membranes immobilizing titanium dioxide [J]. Int J Photoenergy, 2008.

[8] Uyguner C S, Bekbolet M. Contribution of Metal Species to the Heterogeneous Photocatalytic Degradation of Natural Organic Matter [J]. Int J Photoenergy, 2007, 9 (1): 23156.

[9] Dodd M C, Vu N D, Ammann A, Le V C, Kissner R, Pham H V, Cao T H, Berg M, von Gunten U. Kinetics and mechanistic aspects of As (III) oxidation by aqueous chlorine, chloramines, and ozone: Relevance to drinking water treatment [J]. Environmental Science & Technology, 2006, 40 (10): 3285 -3292.

［10］ Chong M N, Jin B, Chow C W K, Saint C. Recent developments in photocatalytic water treatment technology: A review ［J］. Water Res, 2010, 44 （10）: 2997 – 3027.

［11］ Poblete R, Otal E, Vilches L F, Vale J, Fernandez-Pereira C. Photocatalytic degradation of humic acids and landfill leachate using a solid industrial by-product containing TiO_2 and Fe ［J］. Appl Catal B-Environ, 2011, 102 （1 – 2）: 172 – 179.

［12］ Jiang D, Zhao H, Zhang S, John R. Kinetic study of photocatalytic oxidation of adsorbed carboxylic acids at TiO_2 porous films by photoelectrolysis ［J］. Journal of Catalysis, 2004, 223 （1）: 212 – 220.

［13］ Jiang D, Zhao H, Zhang S, John R. Comparison of photocatalytic degradation kinetic characteristics of different organic compounds at anatase TiO_2 nanoporous film electrodes ［J］. Journal of Photochemistry and Photobiology A: Chemistry, 2006, 177 （2 – 3）: 253 – 260.

［14］ Doll T E, Frimmel F H. Kinetic study of photocatalytic degradation of carbamazepine, clofibric acid, iomeprol and iopromide assisted by different TiO_2 materials-determination of intermediates and reaction pathways ［J］. Water Res, 2004, 38 （4）: 955 – 964.

［15］ Mehrotra K, Yablonsky G S, Ajay K. Kinetic studies of photocatalytic degradation in a TiO_2 slurry system: Distinguishing working regimes and determining rate dependences ［J］. Ind Eng Chem Res, 2003, 42 （11）: 2273 – 2281.

［16］ Yang J K, Davis A P. Photocatalytic oxidation of Cu （II） – EDTA with illuminated TiO_2: kinetics ［J］. Environ Sci Technol, 2000, 34 （17）: 3789 – 3795.

［17］ Chen Q, Chang J, Li L, Yuan J Y. A new kinetic model

of photocatalytic degradation of formic acid in UV/TiO_2 suspension system with in-situ monitoring [J]. Reaction Kinetics and Catalysis Letters, 2008, 93 (1): 157 – 164.

[18] Serrano B, De Lasa H. Photocatalytic degradation of water organic pollutants. Kinetic modeling and energy efficiency [J]. Ind Eng Chem Res, 1997, 36 (11): 4705 – 4711.

[19] 王芳. 纳米 TiO_2 光催化降解染料废水反应机理与动力学的研究 [D]. 兰州: 兰州大学, 2008.

[20] Demeestere K, Visscher A D, Dewulf J, Leeuwen M V, Langenhove H V. A new kinetic model for titanium dioxide mediated heterogeneous photocatalytic degradation of trichloroethylene in gas-phase [J]. Applied Catalysis B: Environmental, 2004, 54 (4): 261 – 274.

[21] Parra S, Stanca S E, Guasaquillo I, Thampi K R. Photocatalytic degradation of atrazine using suspended and supported TiO_2 [J]. Appl Catal B-Environ, 2004, 51 (2): 107 – 116.

[22] 王磊, 夏璐, 鲁栋梁, 等. 基于多因素的光催化降解动力学模型的研究 [J]. 化学试剂, 2011, 33 (5): 405 – 408.

[23] Chen C, Li X, Zhao D, Tan X, Wang X. Adsorption kinetic, thermodynamic and desorption studies of Th (IV) on oxidized multi-wall carbon nanotubes [J]. Colloids and Surfaces A: Physico-chemical and Engineering Aspects, 2007, 302 (1 – 3): 449 – 454.

[24] Qi X H, Wang Z H, Zhuang Y Y, Yu Y, Li J. Study on the photocatalysis performance and degradation kinetics of X – 3B over modified titanium dioxide [J]. J Hazard Mater, 2005, 118 (1 – 3): 219 – 225.

[25] 孙松. TiO_2 基光催化剂的制备、结构及光催化降解 VOCs 性能与机理研究 [D]. 合肥: 中国科学技术大学, 2010.

［26］常江. 纳米 TiO_2 光催化氧化水体中有机酸的反应动力学研究［D］. 兰州：兰州大学，2008.

［27］Chun-ying L. Study on Kinetics of Photodegradation of Supported TiO_2 on Landfill Leachate［J］. Journal of Anhui Agricultural Sciences，2008，24.

［28］李芳柏. 改性二氧化钛的制备、表征及其在光催化处理染料废水中的应用［D］. 广州：华南理工大学，1999.

［29］贾陈忠，王焰新，张彩香，等. UV－TiO_2光催化氧化降解双酚 A 的动力学研究［J］. 环境污染与防治，2009（11）：48－52.

［30］Uyguner C S，Bekbolet M. Photocatalytic degradation of natural organic matter：Kinetic considerations and light intensity dependence［J］. International Journal of Photoenergy，2004，6（2）：73－80.

［31］Guo Z F，Ma R X，Li G J. Degradation of phenol by nanomaterial TiO_2 in wastewater［J］. Chem Eng J，2006，119（1）：55－59.

［32］Moore R H，Ingall E D，Sorooshian A，Nenes A. Molar mass，surface tension，and droplet growth kinetics of marine organics from measurements of CCN activity［J］. Geophys Res Lett，2008，35.

［33］Kopelman R. Fractal reaction kinetics［J］. Science，1988，241（4873）：1620.

［34］范山湖，孙振范，邬泉周，等. 偶氮染料吸附和光催化氧化动力学［J］. 物理化学学报，2003，19（1）：25－29.

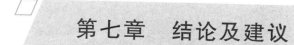

第七章 结论及建议

7.1 结论

本书采用树脂分离分级技术将渗滤液 DOM 分为 6 种具有显著特征的组分，解析了渗滤液中 DOM 不同组分结构官能团特征；讨论了 UV/TiO$_2$ 光催化氧化处理垃圾渗滤液的主要影响因素，优化了渗滤液光催化处理条件；探讨了光催化处理过程中渗滤液 DOM 不同组分的结构和官能团变化规律，通过拟合 DOM 不同组分的光催化氧化动力学模型，讨论了其动力学特征，揭示了光催化降解垃圾渗滤液中 DOM 不同组分的降解途径和降解机理。主要得到以下结论。

1）二妃山垃圾渗滤液经过长期的自然环境已经比较稳定，COD$_{Cr}$ 浓度不高且变化范围不大，DOM 是垃圾渗滤液有机物的主要组成，占到渗滤液总有机物的 90% 以上；BOD$_5$/COD$_{Cr}$ 仅为 0.092，可生化性极差，以难降解有机物为主；渗滤液营养不均衡，尤其是磷含量低，偏碱性，氨氮含量和色度都很高；属于难生物降解有机废水，具有成熟垃圾渗滤液的典型特征。

2）光催化氧化对垃圾渗滤液有较好处理效果。曝气量为 1.5L/min、TiO$_2$ 投加量为 2.0g/L、渗滤液初始 pH = 4.0 时，光催化处理效果达到最佳；处理 72h 后，渗滤液色度的去除率高达 97%，COD$_{Cr}$ 去除率超过 60%，DOC 去除率接近 75%；处理过程中 BOD$_5$ 升高明显，BOD$_5$/COD$_{Cr}$ 持续升高，由初始的 0.092 提高到 72h 的约 0.4，说明光催化氧化处理大大改善了渗滤液的可生化性。另外，二氧化钛吸附对污染物影响较小，对各种指标去除率在 3% 以内；但渗滤液的直接光解对各指标去除率可以高达 20%，因此光催化氧化实际上是光降解与光催化的联合作用。

3）渗滤液中 DOM 不同组分的比例依次为：HOA > HON > HIA > HIN > HOB > HIB。其中 HOA 的含量高达总 DOM 的 30% 以上，HON 含量为 21.4%，HIA 和 HIN 的含量都接近 20%，这四种组分是渗滤液 DOM 的主要组成。除 HIA 外，DOM 其他组分在光催化处理过程中浓度均明显下降，各组分下降到 20mg/L 左右时，趋于稳定。在 72h 处理液中，各组分比例依次为 HIA > HOA > HIB > HIN > HON > HOB。在整个处理过程中，HIA 组分的变化很小，说明 HIA 组分难以光催化降解，是制约光催化氧化效率提高的主要组分。

4）二妃山垃圾渗滤液 DOM 的分子量大多为 1 ~ 10kDa，是以中分子量有机物黄腐酸类物质为主，难以生物降解。各组分按峰值分子量排列依次为 HIB > HIN > HOB > HON > HOA > HIA，与按数均分子量排列依次一致；按重均分子量排列依次为 HIB > HON > HOB > HIN > HIA > HOA。这说明 HIB 组分分子量较大，且数目较少，而 HOA 和 HIA 的组分分子量较小，但数目较多。光催化处理过程中各处理液 DOM 分子量分布逐渐变宽，多分散系数 D 逐渐增大。HOB、HIB、HIA 以及 HON 组分在光催化处理后，分子量分布区域显著减小；其中 HOB 减小最为明显，由初始的 4 ~ 25kDa，减小为 72h 的 0.4 ~ 1kDa。而 HOA 和 HIN 分子量呈增加趋势，其中 HOA 分子量增加明显，在垃圾原液中分子量分布于 2 ~ 20kDa，72h 光催化处理液中为 20 ~ 50kDa。

5）紫外光谱分析说明，渗滤液中包含多种具有共轭双键、羰基的大分子有机物及多环芳香类化合物，主要有芳香族和脂肪族化合物，以及酮类、酯类等物质。其中 HOB 组分中芳香结构含量较多，HIA 组分中最少。光催化处理后渗滤液中有机物的浓度大幅度减低，主要由于渗滤液中有机物的芳香族化合物和不饱和双键或三键化合物结构的破坏。不同时间光催化处理液 DOM 在可见区都没有出现明显吸收，具有基本一致的结构单元和官能团，表明没有新的生色团物质生成。HIA 和 HIB 对紫外光谱的变化贡献不明显，这两类物质的官能团数量和类型光催化过程中变化较小。

6）红外光谱分析说明，垃圾渗滤液 DOM 中有机物种类繁多，包括是醛、酮、羧酸、酯、酰胺、氨基化合物、烯烃以及氯代脂肪烃类等多种有机物。DOM 不同组分的官能团差异较大，但普遍含有羟基和 C —O 键。各光催化处理液 DOM 中红外吸收峰的数目明显减少，强度也有明显变化。光催化氧化对羟基化合物有明显优先降解作用，对含 C —O 键的醛、酮和羧酸类物质降解也较明显；N—H 键在光催化作用下比较稳定，对无机 CO_3^{2-} 离子几乎没有降解作用。在光催化 72h 的处理液中，主要含有酯类、醇类和氨基化合物。

7）荧光光谱分析说明，富里酸类物质、类色氨酸峰和腐殖酸类物质是垃圾渗滤液的主要组成。DOM 不同组分的荧光区域差异较大。但普遍含有类富里酸物质。除 HIA 外，各组分在光催化处理过程中荧光光谱发生显著变化，最终主要转化为紫外区类富里酸物质和色氨酸。在光催化处理过程中，代表类腐殖酸的 Peak I 荧光峰变化最大，类腐殖酸类物质能优先发生光催化降解。其次，可见区富里酸类物质也可以发生明显光催化降解。处理过程中变化相对较小的区域为可见区富里酸、类色氨酸和类酪氨酸，一般是在处理后期（48h）才开始有显著变化。光催化氧化能将大分子的腐殖酸和富里酸降解为小分子的类蛋白物质。在 72h 处理液主要含有代表类蛋白的类色氨酸和类酪氨酸类物质。

8）GC/MS 分析结果说明，渗滤液中可信度在 70% 以上有机物多达 72 种，包括烷烃类、醇类、酮类、羧酸、酯类、酚类、醚类、酰胺类和杂环类等多种不同官能团物质。醇类超过 35%，有机酸约占 20%，酮类约 18%，这三类有机化合物占有机物总数目 70% 以上；主要以含有 C＝O 和羟基的醇类，羧酸类和酮类化合物为主；有一定数量的胺类、酯类和芳香烃类有机物；含 N 类有机物占有一定比例，其次还含有一定量的 S 元素。光催化处理过程中渗滤液有机物的种类和数量发生了较大变化，使垃圾渗滤液芳香性下降；渗滤液中不同类型有机物的光催化降解由易到难的顺序大致为：酚类、羧酸、醛类、醇类，芳香烃、胺类、脂肪烃、酮类、酯类。苯甲酸甲酯是光催化氧化过程中的一种重要中间产物。光催化处理过程中发生了较多的 Photo-Kolbe 聚合反应。在处理后期，烷烃类物质又通过光催化作用转化为其他物质。

9）垃圾渗滤液光催化降解的动力学较好符合 Langmuir Hinshelwood 模型的一级反应，该模型是以吸附理论为基础。pH、TiO_2 投加量和曝气量对一级反应速率的影响较大。渗滤液 DOM 的不同组分，仅有 HOA、HON 和 HIN 三种组分较好符合 $L-H$ 一级反应动力学模型，表明各组分光催化降解动力学差异较大。通过非线性回归分析，拟合了其他三种 DOM 组分的光催化降解动力学模型。

7.2 对今后工作的几点建议

DOM 是水环境中有机物的主要组成，DOM 不同组分的结构性质差异较大，可以从多方面影响水生生态系统。水处理过程中 DOM 的变化对水处理效果、处理过程中二次污染和复合污染的形成具有重要影响。DOM 对各种污染物（包括重金属和持久性有机污染物）在不同水处理过程中的转化途径、转化机理、存在形态和最终归宿等有重要影响。因此，需要进一步加强对污水处理过程中 DOM 转化规律的研究。

各种废水和污水中 DOM 的含量一般较高，直接排放可以大大影响自然水体 DOM 的正常组分和含量；即使在达标的排放水中，也有相当含量的 DOM，其对生态环境的污染和影响应引起足够重视。因此，开展关于 DOM 的研究具有重要理论和实际意义。